科 学 年 少

培养少年学科兴趣

好玩数学

［意］桑德罗·坎皮戈托
［意］保罗·达利奥 著

梁雪 译

湖南科学技术出版社
·长沙·

图书在版编目（CIP）数据

好玩数学 /（意）桑德罗·坎皮戈托，（意）保罗·达利奥著；梁雪译. —长沙：湖南科学技术出版社，2023.10
ISBN 978-7-5710-2514-4

Ⅰ.①好… Ⅱ.①桑… ②保… ③梁… Ⅲ.①数学—青少年读物 Ⅳ.①O1-49

中国国家版本馆CIP数据核字（2023）第187225号

Original title: Giocare con la matematica e il problem solving
©2020 Scienza Express edizioni
Author: Sandro Campigotto and Paolo Dall'Agli
The simplified Chinese translation rights arranged through Rightol Media
（本书中文简体版权经由锐拓传媒旗下小锐取得）

Quest'opera è stata tradotta con il contributo del Centro per il libro e la lettura del Ministero della Cultura italiano。

湖南科学技术出版社获得本书中文简体版独家出版发行权。由意大利文化部资助翻译。
著作权合同登记号 18-2023-016

HAOWAN SHUXUE
好玩数学

著者
［意］桑德罗·坎皮戈托　　［意］保罗·达利奥
译者
梁雪
出版人
潘晓山
责任编辑
杨波
出版发行
湖南科学技术出版社
社址
长沙市开福区芙蓉中路一段416号
网址
http://www.hnstp.com
湖南科学技术出版社天猫旗舰店网址
http://hnkjcbs.tmall.com
印刷
湖南省汇昌印务有限公司

厂址
长沙市望城区丁字湾街道兴城社区
版次
2023年10月第1版
印次
2023年10月第1次印刷
开本
880mm×1230mm　1/32
印张
7.25
字数
188千字
书号
ISBN 978-7-5710-2514-4
定价
50.00元

（版权所有·翻印必究）

前 言

卡拉拉，一座以白色大理石闻名于世的省级小城，是布冯（Gianluigi Buffon）、卡西亚托里（Maurizia Cacciatori）和贝尔纳代斯基（Federico Bernardeschi）的出生地，他们都因在团队中的不凡表现而闻名于世。而阿维奥、瑞姆、托马索、玛丽娜、贾科莫、加布里埃尔、奥尔加、米歇尔、安娜、弗朗西斯卡、卢卡、索菲亚……他们的这些同胞，在各自的学校里也都小有名气，这都归功于他们在中学数学团队里起到的重要作用。

正如每个追求荣誉的团队，为了成长和进步，孩子们经受重重考验，如醉如痴又满怀热情地投入这场冒险。恰恰是这份热情，哪怕只是小小胜利的欣喜，比赛时寻找老师的目光，源源不断的积极性，还有结束后迫切需要知晓正确答案的渴求，都让我们教师充满了力量。15年前，我在一个小山村的学校里迈出了第一步。犹记当年，或许是出于鲁莽，我把一群孩子聚在一起，在从同事"偷"来的时间里辅导他们，让他们参加数学团队竞赛，并取得了第三名的优异成绩。在回学校的巴士上，一个学生走到我面前："老师，您想想看，我们是从山里走出来的第三名！"

从那时起，随着预备赛更频繁和定期的举行，这些竞赛变得越来越受欢迎，最终取得了国内和国际上的认可。在这样的大环境下，有一个由桑德罗·坎皮戈托（Sandro Campigotto）组织的在线培训课程在全国范围内推广，最初这些课程只针对高中生，后来也为初中生提供帮助。

这个课程（PhiQuadro）的构思是一种开创性的思路：意大利各地的教师可以利用这个课程在他们自己学校里组织竞赛，和小学开展连续性的项目，做到寓教于乐。

我们师生对这个正式的在线培训课程感到十分兴奋：期待已久的这一天到来了，所有人为下午2点15分的会面做好了准备，甚至包括那些在下午2点之前有课的学生。竞赛按时开始了：队长带着书本跑到台前，然后所有人开始解题，升高的肾上腺素，默契的目光，想要确认答案是否正确的紧张感，即使过了这么多年，这种心情都会不断涌来。学生们会学习将分内工作安排得井然有序，建立相互的信任以及进行合作的习惯。此外，学生们会对比自身去研究学习那些最强大的对手（我们已经知晓的有都灵、热那亚、米兰、布雷西亚、乌迪内、特雷维索……）。

"之前我以为自己只需要解题，但不是，作为团队的一份子，你要认识新的人，学会在团队里工作，成功时同庆，失败时学习。"

"胜利当然代表了如此多辛苦工作的圆满完成，但在我看来，与经验本身、遇到的人以及建立的非常牢固的联系相比，这些都是次要的。"

"当一个人和他人合作，为着一个共同的目标前进时，实现这个目标就变得更加有成就感，从中超越自己的极限，并获得乐趣！"

"如果你能实现一些重要的目标，你会感到一种难以言喻之情：第一次在团队中合作、第一次胜利，这些事情意义非凡，因为在不断付出努力、承担义务和承受压力之后，你完全值得拥有它们。"

团队精神也体现在同事之间：单打独斗是不可能的。布鲁纳，我的同事兼朋友，当他退休后，我将如何应对呢？另外，训练和比赛相结合，创造出非常强大的连接，以至于我们以前的学生回来帮助我们教师，还有他们的同学，为能回来贡献自己的力量而感到自豪。

在这本书中，我们会发现更好的训练工具，让孩子们了解我所描述的数学竞赛的世界。我会向有意参与准备竞赛的学生提出问题，在附录中的"竞赛的基本技巧"，我们会了解到一些减少运算的技巧，以在最短的时间内得出答案。

萨拉·保利尼　教授

导　言

本书致力于解答问题，这大概就是数学家的主要活动。当然，我们在这里谈论的是初出茅庐的数学家和他们力所能及的问题，但那些挑战、刺激、要求你投入所有力量的问题，都是"名副其实"的问题。如果这个挑战伴随着竞争的乐趣和肾上腺素的飙升，我们便能投入其中，抓住问题不放，直到我们解出答案。我们收集了9项比赛的文本，其中7场竞赛的题目在 PhiQuadro 上训练过，在这一本书中，我们收集了9场竞赛的文本，其中7场是在 PhiQuadro 上提供的在线培训，2场是乌迪内数学协会在2018年和2019年为该省的中学生组织的比赛。所有的竞赛都以某个故事为背景，从匹诺曹到阿斯泰利克斯，所有的答案都在第10章中解释。

你并不需要掌握超出中学范围的知识才能解答这些竞赛的题目，但是需要不断跳出固有的习惯，去使用这些技巧，因为这些题目并不按照主题划分，读者需要调用全部知识去解题。很多问题有多种解法，相信我们的读者能发现这些不同的解法：这也是解题最有趣、最有指导意义的地方之一。

数学竞赛已经在意大利各地推广，我们希望这本书能够用于团队的准备工作，以提高在各地的比赛中的成绩，并为课堂上教师们解决问题提供灵感。这些问题不必用生硬的技巧，往往只需要简单的数学知识，但总是迫使人们不受限制地思考，就像一个数学家的日常：必须调用自己所有的知识、技能和窍门。

在解答文本中提出的问题时，一些技巧和策略可以提供帮助，为此我们专门编写了一个附录，按主题划分，并与书中的问题相互参照。本附录是一种"教练手册"，可以帮助每一位教师为他们的学生做准备。我们重申，除了所研究的技巧之外，唯一解决数学题的方法——不管竞赛里的还是其他的——就是去面对众多的题目，并且永不言弃。借此，我们希望一方面能帮助所有已经参加数学竞赛的学生和教师，另一方面吸引那些从未参加过数学竞赛的人去尝试。

首先，我们要感谢的正是学生和老师：越来越多人参加 PhiQuadro 和数学协会的比赛，这是我们发展的第一动力。

这一切得以实现的环境是数学协会在乌迪内的分部，我们要感谢所有的成员，尤其是这个十分默契相互配合的团队。其中，要特别感谢这套丛书的编辑萨尔瓦托·达曼蒂诺（Salvatore Damantino），他是一位杰出的朋友和同事。

我们还要感谢出版商尼埃莱·古蒂尔（Daniele Gouthier），他相信创建这套丛书，尤其是出版这本书的可能性，还要感谢我的同事娜迪亚·坎迪多（Nadia Candido），她校对附录时，使理论的描述方式更符合中学生的语言习惯。

最后，感谢我们的家人，感谢他们一直以来的包容和支持，让我们在教学之外的所有时间专心投入比赛和其他的活动，使我们能够做到这一切，并且乐在其中。

　　　　　　　　　　　　　　　　　　好玩数学

推荐序

北京师范大学副教授　余恒

很多人在学生时期会因为喜欢某位老师而爱屋及乌地喜欢上一门课，进而发现自己在某个学科上的天赋，就算后来没有从事相关专业，也会因为对相关学科的自信，与之结下不解之缘。当然，我们不能等到心仪的老师出现后再开始相关的学习，即使是最优秀的老师也无法满足所有学生的期望。大多数时候，我们需要自己去发现学习的乐趣。

那些看起来令人生畏的公式和术语其实也都来自于日常生活，最初的目标不过是为了解决一些实际的问题，后来才被逐渐发展为强大的工具。比如，圆周率可以帮助我们计算圆的面积和周长，而微积分则可以处理更为复杂的曲线的面积。再如，用橡皮筋做弹弓可以把小石子弹射到很远的地方，如果用星球的引力做弹弓，甚至可以让巨大的飞船轻松地飞出太阳系。那些看起来高深的知识其实可以和我们的生活息息相关，也可以很有趣。

"科学年少"丛书就是希望能以一种有趣的方式来激发你学习知识的兴趣，这些知识并不难学，只要目标有足够的吸引力，你总能找到办法去克服种种困难。就好像喜欢游戏的孩子总会想尽办法破解手机或者电脑密码。不过，学习知识的过程并不总是快乐的，不像游戏中那样能获得快速及时的反馈。学习本身就像耕种一样，只有长期的付出才能获得回报。你会遇到困难障碍，感受到沮丧挫败，甚至开始怀疑自己，但只要你鼓起勇气，凝聚心神，耐心分析所有的条件和线索，答案终将显现，你会恍然大悟，原来结果是如此清晰自然。正是这个过程让你成长、自信，并获得改变世界的力量。所以，我们要有坚定的信念，就像相信种子会发芽，树木会结果一样，相信知识会让我们拥有更自由美好的生活。在你体会到获取知识的乐趣之后，学习就能变成一个自发探索、不断成长的过程，而不再是如坐针毡的痛苦煎熬。

曾经，伽莫夫的《物理世界奇遇记》、别莱利曼的《趣味物理学》、加德纳的《啊哈，灵机一动》等经典科普作品为几代人打开了理科学习的大门。无论你是为了在遇到困难时增强信心，还是在学有余力时扩展视野，抑或只是想在紧张疲劳时放松心情，这些亲切有趣的作品都不会令人失望。虽然今天的社会环境已经发生了很大的变化，但支撑现代文明的科学基石仍然十分坚实，建立在这些基础知识之上的经典作品仍有重读的价值，只是这类科普图书品种太少，远远无法满足年轻学子旺盛的求知欲。我们需要更多更好的故事，帮助你们适应时代的变化，迎接全新的挑战。未来的经典也许会在新出版的作品中产生。

希望这套"科学年少"丛书带来的作品能够帮助你们领略知识的奥秘与乐趣。让你们在求学的艰难路途中看到更多彩的风景，获得更开阔的眼界，在浩瀚学海中坚定地走向未来。

目　录

1

匹诺曹

"很久很久以前……"

"有个国王!"我们的小读者们立马说到。

"不对,孩子们,你们错了。有一根木头,这根木头一点儿也不贵重,就是柴堆里那种非常普通的木头,是冬天里用来生活把房间弄得很暖和的那种木头。"

2012 年 12 月 5 日的比赛。文本编辑:斯泰尔维奥·安德烈塔,桑德罗·坎皮戈托,萨尔瓦多·达曼蒂诺,恩里克·穆尼尼和安娜·玛丽亚雷西奥。

问题 1.1　盖比特的家

　　故事从一只会说话的蟋蟀吉明尼说起，它的目光透过窗户望向一个木匠家的屋内。"我走进窗台，房间内的火炉烧着暖洋洋的火，但是没人享受它。于是我下定决心钻进去。我一边给我的背部烤火，一边观察着整个房子。我敢肯定，没人曾见过那样的地方！那儿有超乎想象的奇妙钟表，可爱精巧的音乐盒，巧夺天工的艺术品！还有一些精美绝伦的木头玩具，9 个绿色的，15 个蓝色的，其中有一半还没完成。我不禁疑惑：这些未完成的木头玩具里，至少有几个是蓝色的？然而，让我印象最深刻的是一个好奇的小木偶……"

问题 1.2　匹诺曹

　　"啊，这儿改一改，再用画笔画两下就可以收工了……"盖比特的身边跟着一只小黑猫，他走到小木偶旁，开始给它上色。"我认为这样刚好！你觉得怎么样，费加罗？你猜我打算给他起什么名儿？匹诺曹！"

　　小猫不太喜欢这个名字，盖比特继续说："你知道匹诺曹的胳膊和腿的长度是多少吗？这两个值之和是 $96\,\mathrm{cm}$，两个值之比是 $\dfrac{5}{7}$。"小猫目瞪口呆地看着他，盖比特笑着按照从小到大的顺序告诉它这两个值。

问题 1.3　许愿星

　　九点，布谷鸟咕咕报时。向小猫费加罗和小鱼克莱奥道过晚安后，盖比特准备睡觉了，他看着被蜡烛的暖光照亮的匹诺曹，说道："如果他是个真正的男孩就好了！"

说完，他转向夜空中闪烁的许愿星祈祷："在空中闪闪发光的许愿星是六角星，是由多个边长为10的等边三角形组成的，请问小仙女星的面积是多少呢？让梦想成真吧。"于是他睡着了。

问题1.4　蓝仙女

突然，蓝仙女出现了，她说："善良的盖比特，你已经给他人带来了如此多的欢乐，你的愿望应当得以实现！"蓝仙女用魔法棒轻轻点了一下匹诺曹："醒来，没有生命的木头啊，我要赐予你生命。"匹诺曹开始活动和说话，但他只能算半个男孩和半个木偶……"梦想是否能完全实现就看你的了。你要证明自己勇敢、诚实、无私，以及学会在对错之间做出选择。从这道计算题开始：$20 \div 13$ 得出的结果，其小数点后第2013位是什么数字？总有一天你会变成真正的男孩！"

问题1.5　匹诺曹的良心

蓝仙女告诉匹诺曹，他的良心会引导他成为一个真正的男孩。"良心是人们内心深处微弱的小声音，人们很少去倾听它。正因如此，今天的世界变得如此糟糕。"

随后，她对蟋蟀说："你愿意成为匹诺曹的良心吗？为了让他成为一个真正的男孩，你需要回答我下面这个问题：一个两位数的正整数，将它的个位数与十位数调换后得到一个新的正整数，两数之差是一个奇数。请问这样的正整数有多少个？"蟋蟀答出问题的那一刻，成了匹诺曹的良心，蓝仙女消失了。

问题1.6　匹诺曹去上学

盖比特醒来的时候，他感到十分的幸福，他简直不敢相信自己的眼睛！匹诺曹"几乎"就是真正的男孩！因此他需要像别的小朋友一样上学。

第二天早上，盖比特帮匹诺曹穿好衣服，给了他一个送给老师的苹果和一个课本。匹诺曹好奇地翻开书本，看到一张插图旁有一段文字："一个直角三角形，其中的一个角是30°，三角形斜边上的中线是30 m。请问这个三角形的周长是多少米？"

匹诺曹随后高高兴兴地与蟋蟀吉明尼上学去了。

问题1.7　狐狸和猫

"听听那些天真无邪的小孩们欢乐的叽叽喳喳声。求知若渴的小脑袋。"在去学校的街道上，狐狸一边漫步，一边说道："我的朋友，学校是多么高尚的地方啊！少了它，这个世界会变成什么样子！"

突然，它看到了一张大海报，海报上写着吃火人史壮波雷奇观木偶秀。狐狸想起了有一次，它和一只猫问他：有多少个五位数的正回文数①，

---

① 回文数是指正读倒读都一样的数。——编辑注

其各个位数的值之和等于6？"我们差点让那个吃火人算出来了！"

这时，匹诺曹路过，狐狸看到他，立即嗅到了能赚一笔快钱的商机。

问题1.8　吃火人的表演

"我的孩子，难道你不知道有比上学更简单的成功路吗？我说的是在剧院，明亮的灯光，音乐，掌声，出大名！你气质出众、外形帅气，简直就是天生的演员！"狐狸只要再哄骗他一下，就能把他骗到吃火人那儿了。

就这样匹诺曹发现自己和别的木偶人们一起站在了舞台上，面对着 n 个观众，n 是300与某个最简分数的乘积，当分数的分子和分母的值，都加上分母的值，n 的值是原来的3倍。请问有多少个观众？

问题1.9　被吃火人抓走的匹诺曹

演出结束后，吃火人在车厢里欢乐地哼着歌。"太棒了，匹诺曹！你简直就是个奇迹！你看看你为我赚了多少钱啊？"匹诺曹坐在堆满钱币的桌上，从中拿出3个一元硬币，6个50分硬币，10个20分硬币和10个10分硬币，他兴奋地和吃火人说："从这些硬币里随机取出一部分，请问有多少种取出价值一共3元的硬币的取法？"

接着，他意识到是时候回家了，但是贪婪的吃火人把他抓住，并把他关进了笼子里。"这就是你的家。你是我的了！我们一起环游世界，赚得个盆满钵满!"就这样,匹诺曹留下了眼泪,车子开向了通往新的赚钱之路。

问题 1.10 盖比特寻找匹诺曹

匹诺曹没从学校回来,盖比特感到非常沮丧,他冒着雨开启了寻找匹诺曹的旅程。他走在乡野小路上,与一辆马车相遇,他却不知道他的匹诺曹就在车里。从此刻起,马车以 12 km/h 的速度向东行进,盖比特以 5 km/h 的速度向北行走。多少分钟之后,盖比特和马车之间的直线距离是 39 km?

问题 1.11 谎话连篇

匹诺曹哭着求救。蟋蟀追上马车并跳进去,它试图打开笼子的锁,但没有用。突然,蓝仙女出现了,她问:"匹诺曹,为什么你没去上学呢?""我正走在上学的路上,"匹诺曹回答说,"但我遇到了两个怪物,他们把我关进一个麻袋里,把蟋蟀关进了一个更小的麻袋里,他们把我们丢到……"

正说着,匹诺曹意识到,他每说一个谎话,鼻子就会比原先变长20%。说完第四句谎话,匹诺曹就后悔了,他请求蓝仙女原谅自己,蓝仙女用魔法棒轻轻一点,匹诺曹的鼻子就恢复了原样。匹诺曹的鼻子增加了百分之几?(保留整数)

问题 1.12　匹诺曹回家

在蓝仙女的帮助下，匹诺曹逃出了恶棍吃火人的魔爪，并在蟋蟀的陪伴下回家了。他决心再不撒谎，好好上学。他一共爬了8级台阶，来到了家门口。他注意到蟋蟀每跳一次就会上升1级或2级台阶，他心想："蟋蟀有多少种方法可以追上我呢……"他朝窗内看去，发现屋里空无一人。

问题 1.13　奸诈的马车夫

在一家小酒馆的桌前，奸诈的马车夫正游说狐狸和猫："你们想不想大赚一笔？如果想就帮我把那些不想上学的小孩全叫过来，送到玩乐国去。这两位听后感到疑惑，不知道这个地方在哪。

马车夫告诉他们："玩乐国是世界地图上一字排开的四个国家之中的一个。我不告诉你们是哪一个，可能是A国、B国、C国，或者是D国。我只告诉你们，A和B相距13 km，B和C相距11 km，C和D相距14 km，最后A和D相距12 km。"然后狐狸和猫决定前往这个国家。如果他们走过的国家都错误后，最终才到达正确的玩乐国，那他们最多可能走多少千米的路程？

问题1.14 匹诺曹再遇不测

在寻找父亲的路上，匹诺曹又被狐狸和猫抓住了。"我的孩子，我看你面如土色。你需要休息一下，娱乐一下，放松一下。我知道有个美丽的地方，对你来说正好，那就是玩乐国。我把去那儿的票给你，巴士在午夜启程……"就这样，匹诺曹和蟋蟀发现自己坐在一辆挤满了人的车上，旁边的小孩叫小灯芯。匹诺曹问他关于车夫的年龄，小灯芯说："我知道车夫有3个孙女，阿黛尔、比斯和克拉雷塔，她们分别是17岁、16岁和4岁。他的年龄是克拉雷塔年龄的倍数，也是阿黛尔的年龄加上比斯的年龄的倍数。""天晓得他有多少岁！"匹诺曹大呼。"能肯定的是他没有一百岁。"小灯芯说。

问题1.15 玩乐国

"真是块无与伦比的宝地，没有学校，没有老师，没人学习，也没人烦你。而且这里到处都是甜食……你可以大吃大喝，简直就是世外桃源啊！我等不及要去那儿了……"小灯芯对匹诺曹这样描述玩乐国："旋转木马、破碎的玻璃、糖果、糕点、打架、说谎，在那里做什么都可以！"

一到达目的地，他们就进入了一个房间，里面有一张巨大的桌子，102个孩子围着它坐了下来。他们互相讲着奇怪的故事。在这些小孩子里，有的人只说真话，有的人只说谎话。匹诺曹听到他们每个人都说："我身边坐着一个老实人和一个说谎人。""谁知道有多少人说了真话呢?"匹诺曹问道。"我认识他们中间的一个老实人,我现在去问问他。"小灯芯说。

问题1.16 好多驴

在淌着果汁和糖果的河流里,匹诺曹和小灯芯正在快乐地玩飞镖,他们全然不知其他的小孩都开始变成了驴子。靶心正中间区域算13分,第二环算9分,最外圈算6分。

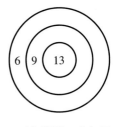

蟋蟀劝说匹诺曹离开那个地方,但都白费力气。匹诺曹说:"小灯芯说人生得意须尽欢!""既然你的朋友那么厉害,"蟋蟀回答道,"那他能否回答我,投掷任意次数的飞镖,你们不可能拿到的最高分是多少。"话音刚落,这两个孩子也开始变成嗷嗷怪叫的驴子……

问题1.17 寻找盖比特

在逃出玩乐国后,匹诺曹长出了驴尾巴和驴耳朵,他和蟋蟀一起去寻找父亲,但他们既不知该做什么,也不知该去哪儿找。忽然有一只鸽子飞来,掷下一张银色的纸条:"你父亲在疯狂地寻找你的时候,被鲸鱼一口吞下。他还活着,就在海底深处鲸鱼的肚子里。要找到他,你需要找到鲸鱼位置的确切坐标(x, y),已知x是分数 $\dfrac{40!}{(40! + 39!)}$ 约分到最小项后的分母和分子的差值[1]，y 是数列 1，2，5，10，17，26，37，…的第 20 项。匹诺曹立刻向海边开启冒险之旅。请依次写出 x，y 的值。

问题 1.18　在鲸鱼肚子里

"啊，好多天没东西吃了！我撑不住啦！我没想到会这样，费加罗[2]……我们要饿死在鲸鱼肚子里了！"善良的盖比特灰心丧气正说着，鲸鱼张开嘴吞下了大量的金枪鱼（TONNI）。盖比特大受鼓舞，开始抓鱼。最后他发现，他抓到的和 TONNI 这个单词的变位词[3]一样多，更没料到的是，这其中也包括了他的儿子匹诺曹……

问题 1.19　逃回家

盖比特和匹诺曹终于重逢了！为了逃出去，他们需要等待鲸鱼再一次张开嘴……"鲸鱼只有吃东西时才张嘴，然后所有东西都只进不出。"盖比特对儿子说。

匹诺曹想到了一个主意，可以让鲸鱼打喷嚏。盖比特做了个木筏，鲸鱼一打喷嚏父子俩就乘着木筏飞出了鲸鱼肚子。

在木筏的上面画了一个边长为 60 cm 的正方形，里面是一个奇怪的

---

① 回顾一下，$n! = 1 \cdot 2 \cdot 3 \cdots (n-1) \cdot n$。——作者注

② 费加罗是猫的名字。——译者注

③ 变位词：指把一组字母或数字拆分成各种各样的组合。——译者注

X形符号。已知四个角上的每个方块的面积为 100 cm²，那么这个X形符号的面积是多少平方厘米？

小木筏扬帆起航……

问题1.20　匹诺曹变成了真正的男孩

历经千难万险后，父子俩终于回家了，两人跳舞唱歌庆祝着。夜里父亲睡着后，蓝仙女打开窗说："真棒，匹诺曹，你非常勇敢、诚实和无私。解出这最后一道题，你将成为一个真正的男孩——有一个正整数 n，已知 $n! = 2^{23} \times 3^{13} \times 5^6 \times 7^3 \times 11^2 \times 13^2 \times 17 \times 19 \times 23$。那么 n 的值是多少？"

不一会儿，蓝仙女用她的魔法棒点了点匹诺曹，消失了……

2

头脑特工队

乐乐、忧忧、怕怕、厌厌和怒怒将陪你一起发现莱利脑海里的情绪。

2015 年 12 月 11 日的竞赛。文本编辑：贾科莫·贝托鲁奇，桑德罗·坎皮戈托和埃斯特·戈依。

问题2.1 第一段有关数学的快乐回忆

每天结束，莱利睡着后，乐乐都会将这个女孩的回忆存档，这样她可以随时拿出来回忆。她有一段特别喜欢的回忆：在没有任何人帮助的情况下，莱利解出了第一道数学运算题。翻看这段回忆，乐乐观察莱利如何理清思路并计算这道题：

$$(2^{4^2})^2 : (8^4)^2。$$

多快乐的一段回忆啊！答案是什么？

问题2.2 第一段有关数学的伤心回忆

正当乐乐忙着处理这些回忆，检查它们是否都存档变成长期记忆时，站在一旁的忧忧走向控制台，唤起了存档中的一段伤心的回忆，当时数学老师让莱利计算这个题目：

$$\left(1 + \frac{1}{1}\right) \times \left(1 + \frac{1}{2}\right) \times \left(1 + \frac{1}{3}\right) \cdots \left(1 + \frac{1}{2015}\right)。$$

莱利差点没在全班同学面前哭出来，在一个女同学的帮助下她才找到答案。你知道怎么做吗？

问题2.3 核心记忆

莱利的性格岛是由核心记忆构成的。它们储存在大脑总部的发光球体中。其中，有一座冰球岛，存放着关于第一次进球得分的核心记忆。莱利睡着后，乐乐当即决定向莱利的梦中再次发送那段记忆。在冰冻的湖面上，莱利脚上穿着溜冰鞋，从一个点开始向北滑行8 m。为了躲开对面的母亲，她必须转向东滑行2 m，然后继续向北滑行10 m。之后，为了躲开父亲，她需要再向西滑行9 m。莱利再向北前进6 m后，射门，球进了！如果她不绕道，直接从起点去往射门的位置，莱利需要滑行多少米？

问题2.4　家人岛

家庭绝对是塑造莱利人格的中坚力量。家人岛是最安全稳固的，连接着童年的基础回忆。莱利第一次过生日的时候，妈妈拿着一个长方形的蛋糕，通过连接对边的中点将其分成四等份。之后，她又用同样的方法切分以上得到的每份蛋糕。最后她又把得到的每份蛋糕分成了三份。妈妈把莱利的蛋糕分成了多少份？

问题2.5　骤然醒悟

今早有些不对劲！莱利醒来后，发现他的父亲正打算把箱子装进车里。房子前面出现了一个"售罄"的标志。几个小时后，莱利意识到自己正在前往旧金山的路上。为了打发车上的时间，她决定看看漫画书。翻看几页后，她看到了一个游戏。"有一个四位数，它的千位数字是百位数字的三分之一，十位数字是前二者之和，而个位数字是百位数字的3倍，这个四位数是多少？"忧忧确信莱利无法解出这个问题，怒怒也已经准备发怒了。请解决这个难题，帮助莱利把这个难题变成一段快乐的回忆。

问题2.6　新房子

如图所示，莱利一家刚搬到的旧金山社区是由 8 个一模一样的长方形的房子组成的街区。怒怒感到怒火中烧了，厌厌不甘心住在这个拥挤和有异味的空间里。如果街区的周长为 140 m，那么新房子的面积是多少平方米？

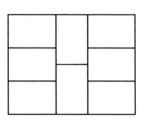

问题2.7　莱利的房间

"整个旅程，爸爸都在不停地告诉我们，我们的房间真漂亮！"乐乐试图用这些话来安抚其他情绪。与此同时，莱利爬上楼梯，发现了一个阁

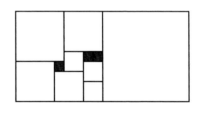

楼。如图所示，地板上的镶木地板是方形。除了整体是长方形，其他都是正方形，深色方块的边长为 40 cm。这个大长方形的面积是多少平方分米？

问题2.8　忧忧触碰了记忆

诸事不顺：搬家车迟到了，爸爸被叫回去工作，西兰花比萨难吃（这差点让厌厌晕倒）……莱利试图转移自己对烦心事的注意力，她可以在家里做些什么呢？在这里，一个扶手就可以让她振作起来！乐乐检

查"宝岛"是否正在运行……但是，发生了什么？忧忧正在伸手触碰一个金色的记忆球，那个记忆球正在变成蓝色！乐乐立即介入，她用一个谜语分散了忧忧的注意力：$20^{50} \times 50^2$ 的乘积最后有多少个0。核心记忆球和莱利的心情都平复了，她从扶手上跳了下去。请问这个谜题的答案是多少呢？

问题2.9　上学第一天

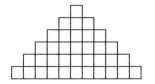

旧金山的新一天开启了。乐乐醒来，她决心要让今天的一切都顺顺利利。在莱利穿衣服的时候，乐乐立即开始组织情绪小人，给他们安排任务：她要求怕怕详尽列出可能遇到的任何麻烦，厌厌确保莱利今天的打扮出众，怒怒负责拆开思想火车扔下的装着白日梦点子的包裹。乐乐在地上画了一个圈，给忧忧的任务是确保所有的忧伤都待在圆圈里面，并计算最少需要移动多少个小方块，可以使得图形中得到一个大正方形。

不幸的是，当莱利在全班同学面前自我介绍时，忧忧解出了谜题，并触碰了快乐的记忆球。记忆球变成了蓝色，莱利心情随之难过起来，她在新同学面前流下了眼泪。忧忧得出的答案是什么？

问题2.10 大难题

在新班级自我介绍时的情绪生成了一颗蓝色的核心记忆球，忧忧想把它存档。情绪总部发生了大骚乱，所有的核心记忆球都散落在地。乐乐正试图捡起四处滚动的核心记忆球，真空管开始将一个金色核心记忆球吸入管道。

乐乐和忧忧紧追出去，想要抓住记忆球，但强大的吸力把她们也吸了进去！只有怒怒、厌厌和怕怕留在了总部，他们试图关掉真空管。遗憾的是，关掉真空管需要计算表达式 $\dfrac{54}{13} = x + \dfrac{1}{y + \dfrac{1}{z}}$，得出 x，y 和 z 的正整数值，他们都算不出来。你能算出来吗？（以 $x + y + z$ 的和作为答案）。

问题2.11 爸爸生气了

情绪总部没有乐乐和忧忧，情况开始变糟。怒怒和怕怕操控控制台，爸爸也生气了，他把莱利关在了房间。除了努力完成家庭作业外，他们无事可做。作业只剩最后一题，题目问有多少个整数 x，恰好使 $5000 \times \left(\dfrac{2}{5}\right)^x$ 也是一个整数。三个情绪小人毫无头绪，不知道怎么帮莱利解出这道题。这个问题的答案是什么？

问题2.12 与此同时

乐乐和忧忧看着周围一排排的架子，架子上摆满了记忆球。忧忧和乐乐解释这里是长期记忆存储库，架子的构造不一，但都存放相同数量的记忆球，即10 800个。记忆球平均放入架子的每一层，排列构成一个大矩形。乐乐看了面前的这个架子，她数了架子有75层，每层有144个记忆球，忧忧说的完全正确。每个架子上的层数和存放球体的数量都不同，但总数始终是10 800个。"他们能建造多少个不一样的架子？"乐乐问。"我不知道，"忧忧回答，"但我知道，为了更好地阅读这些记忆球，不可能制造出只有一层或一层只放一个球的架子。"你能回答乐乐的问题吗？

问题2.13 兵兵

个性岛、乐趣岛、冰球岛和友谊岛，一个个接连崩塌，最后落入记忆的填埋场，遗忘的记忆全被抛到这个深渊里，慢慢地，它们就会从头脑里完全消除。在那里，两个情绪小人遇到了兵兵——莱利童年时想象中的朋友。兵兵问她们："如果 $a \diamond b = \dfrac{1}{a} + \dfrac{1}{b}$，那么方程 $(x \diamond x) \diamond 2 = 100$ 的解是什么？"听到乐乐回答正确，兵兵决定帮她们一把。乐乐给出的答案是什么数字？

问题2.14 造梦影城

兵兵建议乐乐乘坐思想火车返回总部，于是，在经过危险重重的抽象思维之境和想象之境（莱利的想象力得以实现的地方）后，乐乐和忧忧搭上了列车。途中，乐乐的直觉察觉到了忧忧的任务是什么。然而，莱利睡着了。她们知道思想火车在睡眠时间不运行，忧忧建议用噩梦来吓醒她。在造梦影城里，她们给莱利发了一个教数学的老头子的照片，老头问道："给定一个十二边的正多边形 $ABCDEFGHILMN$。$\angle ACF$ 是多少度？"莱利立马醒来！正确答案是多少？

问题2.15 应急点子

与此同时，没有了乐乐的指挥，厌厌、怒怒和怕怕决定采用一个极端和激烈的解决方案。他们看到情绪失控的莱利没有了激情和个性，便启动了一个应急点子球，逃离新家，回到明尼苏达并重新创

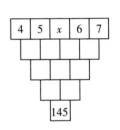

造核心记忆。应急点子球的编号是145，只有在图中 x 处输入正确的数字才能激活它。每一行的数字是其上一行的相邻的两个数字之和。请问应该在 x 处输入什么数字？

问题2.16 越来越糟

应急点子破坏了剩余的诚实岛和家庭岛，更糟糕的是，思想火车也因此脱轨翻车。乐乐只好拼尽全力，让召回管道把自己吸进去。但管道

断裂，乐乐和兵兵被抛入记忆清理库。怒怒、厌厌和怕怕试图移除应急点子，他们需要输入代码，即 15×15 的表格中所有数字之和，其中每个单元格中都写有一个数字。第一行的数字，从左到右是 1，2，3，…15；同样，第一列中的数字，从上到下，是 1，2，3，…15。已知每个 2×2 的方格里的 4 个数字之和为 100。能挽救局面的代码是哪个数字？

问题2.17　飞出深渊

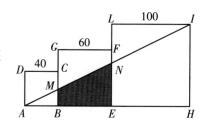

兵兵和乐乐找到了旧的火箭船，一起研究如何飞出记忆清理库的深渊。乐乐描述的情况如图所示：四边形 *ABCD*、*BEFG* 和 *EHIL* 是边长为 40、60 和 100 步的正方形。坡道从 *A* 点开始，在 *N* 点结束，你必须飞到 *I* 处。兵兵问乐乐梯形 *BENM* 的面积是多少。兵兵听到答案后，他意识到必须牺牲自己才能让乐乐完成飞跃。乐乐给出的答案是什么数字？

问题2.18　返回情绪总部

忧忧找到了一朵云，乐乐可以用一个鼓风机让云朵把她们送回情绪总部。而乐乐需要爬上云朵。在想象之境，乐乐发现了想象男友生成器，用批量的想象男友垒成的高塔作为延伸，够到忧忧。乐乐打开机器，需要输入的密码是所有小于或等于 150 且不被 7 整除的自然数的总和。乐乐知道计算的方法，她完成了计划，成功地登上了返回情绪总部的云朵。你能计算出正确答案吗？

问题2.19　忧伤的记忆

乐乐成功地移除了应急点子。因为快乐的回忆变得忧伤，这让莱利意识到家庭是她最宝贵的财富。情绪总部里诞生了一个新的核心记忆球，记忆球上有2种颜色，金色和蓝色环绕在一起。从截面上看，新的记忆球呈圆形，周围有6个相同的半圆形（如图所示），由最大的圆形构建而成。怕怕问道："如果底圆的半径为10 cm，那么这个截面的面积是多少平方厘米？"（答案只保留整数部分）

问题2.20　控制台

莱利的大脑世界焕然一新，一个个性格岛屿重新建成。大脑工人安装了一个新的控制台。一切都有了美好的结局……但是新控制台的密码是什么呢？这个密码是符合以下条件的最小自然数：是一个三位数，三个数位是各不相同的偶数，除以4后得到的三位数的三个数位是各不相同的奇数。请问这个密码是什么？

3

小王子

大人自己什么都不懂，总是要小孩来给他们解释，真烦。

这是一个在沙漠中迫降的飞行员和一位远道而来的小王子的故事……

2016 年 11 月 30 日的比赛。文本编辑：桑德罗·坎皮戈托和阿米德奥·斯格利亚

问题3.1　旅途中的飞行员

在坠落之前，这个飞行员在非常遥远的两个地方 A 和 B 间旅行，这两个地方在不同的时区。每天 4:15（A 地时间），他从 A 地出发，14:27（B 地时间）到达 B 地。然后在 16:56（B 地时间）从 B 地返程，于 17:08（A 地时间）到达 A 地，来回的路线完全一致。你知道一趟旅程实际需要耗费多少分钟吗？

问题3.2　箱子里的绵羊

小王子在认识了飞行员后，请求他画一只绵羊。于是，飞行员画了一个有 3 个孔的箱子，说："这只是它的箱子。你想要的羊就在里面。"箱子是 一 个 平 行 六 面 体， 其 中 $AB =$ 113 cm，$BD = 111$ cm。箱子打开如图所示。当 E 和 AB 在一条直线上，BE 的长是多少厘米？

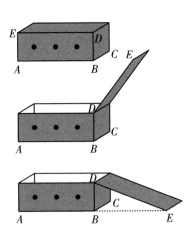

问题3.3　小行星上的火山

小王子来自一个遥远的小行星，在那里只住着他一个人，一朵骄傲的小玫瑰和一些火山。你们想知道有多少座火山吗？解出这个谜题吧。

有一个数字，这个数的6次方减1，再乘以2后加65，得到的数的平方根是39，那么这个最初的数字是多少？

问题3.4 好多日出

这个星球还有很多别的特点。它非常小，以至于每33分7秒就能完成一次自转。小王子用地球一天的时间，在小行星上最多能看几次日出？

问题3.5 猴面包树的种子

风儿常常把猴面包树的种子带到小行星的土地上。更准确地说，每天掉落一颗，种子一天就能长成灌木。最初灌木占地10 m²，每过一天多占据10 m²的面积。假设小行星表面的面积是500 m²，且目前尚未有种子或灌木，如果今天起掉落第一颗种子，那么几天后小行星将被猴面包树的灌木占满？可怜的小王子需要尽快拔掉这些灌木，才能不被闷死。

问题3.6 有很多花瓣的玫瑰花

小王子的玫瑰花有很多花瓣，花瓣的数目是一个自然数的平方。已知花瓣的数目是1435，2367，3739，4909，5329，6746，7202，8069，9209中的一个，请问哪一个是正确的？

问题 3.7　最后一次爆发

星球上有一座死火山。小王子记得它最后一次爆发的年份是一个四位数，$\overline{ABCD}$ 四个位数上的数各不相同，是符合 $A + 2C + 3D = 4B$ 的最小四位数。请你解出这个数字。

小王子拜访了一些小行星，遇到了一些奇怪的人。

问题 3.8　国王的第一个问题

在第一个小行星上，小王子遇见了一个孤独的老国王，老国王很喜欢给他的子民下命令（就算小行星上只有一个居民）。这个国王命令他写下所有小于 10 000 的四位数，且这些数字必须由 1，2，3，4 组成，且不能含有 13，31，24，42（可以有 12，但是 124 或 312 不可以）。小王子需要写下多少个数字?

问题 3.9　国王的第二个问题

国王还不满意，他又提出了一个问题。假设 $\overline{AB}$ 是一个两位数，请确定所有符合 $\overline{AB} = A^2 + B^2 + 10$ 的 $\overline{AB}$ 之和。

问题 3.10　虚荣的人

在第二个星球上，小王子遇到了一个虚荣的人，他只需要被喝彩和被崇拜。他最大的愿望就是有很多很多的镜子，数目有 888…8 × 8 + 6

的位数上的数字之和那么多，其中数字8在第一个因子中重复了2016次。请问这个数字之和是多少？

问题3.11　虚荣的人的运算

虚荣的人定义了一种新的运算"⊙"：给出两个自然数a和b，若a和b都是偶数，$a \odot b = a + b - 123$，否则$a \odot b = a + b - 365$。有且只有一个b，使a无论是什么数，都符合$a \odot b = a$，b的值是多少？

问题3.12　爱喝酒的人

在第三个星球上，小王子遇到了一个爱喝酒的人，他喝酒只是为了忘记喝酒的羞耻。小王子为了让他停下来，提出来玩几场十五子棋游戏。在这个游戏里，赢家有3分，输家有1分，平局有2分（每人）。800回合后，他们都累到停下来了。已知爱喝酒的人有1016分，那么小王子有多少分呢？

问题3.13　爱喝酒的人意犹未尽

爱喝酒的人玩得非常开心，大喊着要再玩（每人从0开始重新计分）。当他们停下来时，小王子一共获得1016分。爱喝酒的人最少获得了多少分？

问题 3.14　做生意的人

在第四个星球上，小王子遇见了一个做生意的人，这个人每天数星星度日，他觉得这些星星都是他的。他对一颗星星尤其着迷，这颗星星的形状如图所示。假设这颗星星的周长是 44π m，那么请问它的面积是多少平方米？

问题 3.15　做生意的人的运算

做生意的人正忙着做一道计算题，他想向小王子求助。14^{21} 除以 21^{14} 的答数可以写作 $\left(\dfrac{a}{b}\right)^{7}$ 的形式，其中 a 和 b 互为素数。那么 $a + b$ 是多少？

问题 3.16　神秘的乘法

小王子解开谜题，得出答案，这着实让做生意的人对其才能震惊不已，做生意的人向小王子再抛出一题。在图中展示的乘法运算里，每个 # 符号对应 3 或 6，每个 * 符号对应 1 或 2。运算的结果是一个三位数，且不含数字 8。不一定同一个符号总是对应同一个数字。找出符合条件的最大值和最小值。以这两个数值之间的（正）差值作为答案。

```
        #   *   ×
        *   *   =
      ─────────────
        #   *
    #   *
    · · ·   · · ·   · · ·
```

问题3.17 掌灯的人

在第五个星球上，小王子遇见了一个掌灯的人，他每分钟都需要点灯和熄灯。小王子还记得有一个尚未解出的问题。

有四个开关A，B，C，D（不一定按这个顺序排写）连着四盏灯泡1，2，3，4。已知在下列陈述中有且只有一个是错误的：

- A连1且C连4；
- B连3且D连2；
- A连的灯泡的数字比D连的灯泡的数字小，B连的灯泡的数字比C连的灯泡的数字小。

请以A，B，C，D分别点亮的灯泡的编号组成的数字（从左到右）作答。

问题3.18 地理学家

在第六个星球上，小王子遇见了一个地理学家，他正坐在写字台前，但他对于自己星球的构造一无所知。写字台上，除了有很多别的东西外，还有一个点数从1到6的骰子。小王子注意到，其中一个顶点，它所连接的面上的点数之和是11。那么与它对立的顶点所连接的面上的点数之和是多少？

问题 3.19 带锁的书

写字台上还有一本带着小锁的书，小王子想打开它。已知密码是一个四位数 $\overline{ABCD}$，四个位数上的数各不相同且不为零，且 $B + C = 12$，$C + D = 14$，小王子最多可能尝试多少个错误的密码，才能找到正确的密码？

问题 3.20 书的内容

小王子找到了密码，打开书后第一页上写着："正六边形内的任意一个点 P，P 与多边形各边的线之间的距离之和是恒定的（即无论 P 点在哪里，这个距离之和总是相同的）。"如果六边形的边长为 100 cm，那么这个距离之和的值是多少厘米？

地理学家建议小王子拜访地球，随后小王子就来到了这儿。接下来会发生什么？你们自己寻找答案，我可不能全都说了！一条蛇，一个全是玫瑰的花园和一只想要被驯化的狐狸。

重要的东西用眼睛是看不见的，要用心。

4

冰雪奇缘

艾尔莎是阿伦黛尔王室的长女，这个王国位于斯堪的纳维亚半岛的峡湾上。艾尔莎拥有巨大的魔力……她能把阿伦黛尔的漫长夏天变成永恒的冬天。

2016 年 12 月 16 日的比赛。文本编辑：桑德罗·坎皮戈托和埃斯特·戈伊。

问题4.1 冰雪之心

"洌风拥峦，二者合一，其状如心，冰生于 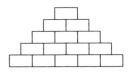 此。"小克斯托夫一边学着采冰人的手艺，一边 这样唱道。正当他费了九牛二虎之力把一块漂 亮的冰块装到雪橇上，更有经验的长者们早已把冰块做成了一个图中所 示的金字塔形状。如果最底部有12个冰块而不是5个，那么这个金字塔 一共有多少个冰块？

问题4.2 我们一起堆雪人吧

艾尔莎和安娜是阿伦黛尔王室的女儿，这个王国位于斯堪的纳维亚 半岛的峡湾上。艾尔莎从小就发现自己有一种特殊的魔力：她可以创造 和操纵冰。艾尔莎经常利用这种魔力和安娜在大厅里玩耍。一天晚上， 艾尔莎堆了一个 1 m 高的雪人，安娜给它起名雪宝。雪宝被冰块砸到， 它先是被分成2个雪人，然后被分成4个，最后被分成了8个雪人，它 们的形状都与雪宝相同。如果这8个雪人的总体积等于整个雪人的体 积，那么这8个雪人的高度是多少毫米？

问题4.3 地精

艾尔莎的魔法无意之间击中了安娜的头部，使她丧失了知觉。因 此，阿伦黛尔的国王和王后向地精之王佩比爷爷寻求帮助，佩比提醒他 们使用艾尔莎的魔力：虽然它是一个礼物，但它也隐藏着危险。然后地

精开始计算 $\dfrac{1 + 4 + 4^2 + 4^3 + 4^4}{1 + 2 + 2^2 + 2^3 + 2^4}$。

计算得到的答数治愈了安娜，并从她的脑海中删除了关于艾尔莎魔法的记忆，但没有抹除她们一起度过的美好时光。国王皇后承诺，艾尔莎将学会控制她的魔力，从那天起，他们决定将长女隐藏起来，不让世人知道她的魔力，包括安娜。哪个数字治愈了安娜？

问题4.4　魔力增强

随着年岁增加，艾尔莎的魔力日渐变强。每过一年，她就能造出比前一年更多的雪。一岁的时候她造出了1kg的雪，两岁时造雪量比前一年增加4kg。到了第三年，造雪量比前一年又多了9kg，如此下去。每过一年，艾尔莎都会增加相当于年龄平方的雪量。艾尔莎15岁时，她的父母在一次海上航行中不幸遇难，那一年她能造多少千克的雪？

问题4.5　加冕典礼

艾尔莎成年时，皇宫组织了一个大型典礼，宫殿在多年后第一次向人们重新开放。为了避免暴露魔力，艾尔莎戴上了手套，但在仪式上，她必须裸手握住代表世界的权杖和王权宝球。为了避免唤起魔法，她试图通过思考一个数学问题来分散自己的注意力："有多少个三位数，其百位数等于个位数与十位数之和？"这个计策成功了，她的魔力没有被发现。这个问题的答案是什么？

问题4.6 夏日终结

安娜遇到了一位客人，他是来自南埃尔斯的汉斯王子，是12个兄弟姐妹里最小的一个。两人一见如故，互生情愫，王子向她求婚。安娜天真地接受了，她想知道自己将以多少种不同的排列顺序去认识这11个哥哥姐姐（5个女性和6个男性），且必须尊重他们"男—女—男—女"这样交替拜访的传统。然而艾尔莎拒绝祝福这对情侣。安娜对于姐姐的决绝感到震惊和不满，她毫不客气地指责姐姐对她一直拒之门外，使得她不得不度过所有的孤独岁月。两姐妹发生了争执，争论之间艾尔莎失去了控制，在众人面前施放魔法，暴露了自己的魔力，并使阿伦黛尔陷入了无尽长冬。如果安娜有时间思考她的疑问，那么答案是多少呢？（以答数的后四位数作为答案）

问题4.7 山上的宫殿

艾尔莎逃离皇宫，隐居北山之巅。在这里，艾尔莎第一次感受到自由，不受限制、命令，尤其是自身恐惧的束缚，她决定要好好发泄下她的一身魔力。她在旁边图中所示的基地上建造了一座无与伦比的冰雪城堡。如果圆周的半径为50 m，那么宫殿所处的阴影部分的面积是多少平方米？

好玩数学

问题4.8　克斯托夫和斯特

与此同时，安娜开始出发追寻艾尔莎，她想要澄清事情真相，恢复姐姐的王位。她授权汉斯暂时管理阿伦黛尔的事务。旅途中，安娜认识了一个有魅力的卖冰人克斯托夫，还有斯特。克斯托夫向安娜解释说，曾经一 m³ 的冰卖 1000 个硬币。如今冬季降临，冰的售价先是降低了 20%。随后，冰的售价又降了 30%，最后它的价格减半。"这样的价格卖冰，我现在甚至都喂不饱我的驯鹿斯特了。"目前 1 m³ 冰的价格是多少个硬币？

问题4.9　狼群

在一群狼的惊险追逐下，安娜说服了克斯托夫，让他带她上山，她承诺将大力发展冰雪贸易。因为克斯托夫的雪橇坏了，安娜承诺还他一个新的雪橇。

"刚刚有多少只狼在追我们？"克斯托夫问她。安娜冷静地回想了一下，她记得在追逐过程中，狼群最初排列成 4 排，然后是 5 排，最后是 7排，而且在每一次排列中，总有 3 只狼在队伍之外前进。

通过数据，安娜得出结论，她可以知道狼的数量的最小值是多少。这个最小值是多少？

问题4.10　雪宝

在攀登北山的途中，他们结识了雪宝，艾尔莎曾用魔法赋予了这个雪人生命。雪宝知道女王陛下在哪里，但他们必须回答它的问题，它才会带领他们去那儿。"刚刚我在面前的雪地上画了两个等腰直角三角形。第一个三角形的斜边和第二个三角形的直角边都是100 cm。我所画的两个三角形的面积相差多少？"安娜灵机一动，立刻得出答案。答案是多少平方厘米？

问题4.11　在宫殿里

得到答案后，雪宝如约带领安娜去往艾尔莎的宫殿。他们爬着大冰梯时，雪宝问道："1到10 000之中，有多少个回文数？"安娜没有时间考虑这个问题，推开沉甸甸的大门，进入了宫殿。这个问题的答案是什么？（回文数是指顺读和倒读都一样的数字，例如1001）

问题4.12　击中心脏

终于，姐妹二人再次相见，但很快她们争吵了起来：安娜希望带艾尔莎回家，然而艾尔莎仍然担忧自己会伤害安娜，她拒绝了这个提议。在安娜的再三坚持下，艾尔莎再

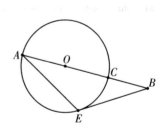

次失去了控制。安娜在图中的A点，而艾尔莎则在E点，她失去了理智，发射了一阵冰霜，经过∠BEA，击中安娜的心脏。已知A，C，B和O（圆心）对齐，BE与圆相切，∠CBE为42°，那么∠BEA是多少度？

问题4.13　棉花糖

艾尔莎感到恐慌与不安,她快速计算正好位于 $\frac{5}{12}$ 和 $\frac{11}{15}$ 之间一半的分数,并在一堆雪之间输入答案。一个叫作棉花糖的巨大的冰怪,诞生了,它立即抓住了安娜和克斯托夫,把他们扔出了城堡。哪个数字给予了棉花糖生命?(请以得到的最简分数的分子和分母之和作为答案)

问题4.14　结冰的安娜

逃亡结束的时候,安娜的头发开始变白,她感到一阵寒冰刺骨。克斯托夫把她带到地精那儿,希望它能够治疗她。然而这一次,佩比爷爷说:"我希望能轻易就治愈安娜,正如计算在0到1000之间有多少个数字,是两个3的倍数(两数可以相等)的乘积一样简单。但是,由于安娜的心脏被击中,只有真爱的行为才能拯救她,这样她才不至于完全冻结。佩比爷爷所说的数字会是多少?

问题4.15　下山

安娜和克斯托夫决定前往阿伦黛尔(A),他们认为汉斯的亲吻能拯救安娜。他们从山上(M)下来时,可以沿着图中所示的任何一条路走,他们并不知道,与此同时,王子已经前往艾尔莎的城堡。请问安娜和克斯托夫有多少种抵达阿伦黛尔的方式?

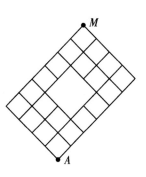

问题4.16 露出真面目

安娜回到皇宫后，身体越来越虚弱，但当她要求汉斯吻她时，他拒绝对她进行救赎，他坦言自己从未爱过她，他是为了统治阿伦黛尔才假装爱她。汉斯的话让安娜感到十分痛苦，她感到再无希望，她必定会慢慢结成冰块直至死亡……但就在这时，雪宝又找到了她，它说克斯托夫爱上了她，也许他的一个吻可以拯救她。为了让她暖和些，延缓死亡的到来，它提出了一个问题让她思考："我脑子里有三个整数。如果我把它们两两相加，可得153，79和128。这三个数字中最大的数是哪个？"

问题4.17 汉斯的背叛

汉斯指控艾尔莎女王对漫长的冬天负有责任，他设法让大家相信，她的死刑将使阿伦黛尔重新迎来夏天。艾尔莎听到狱卒来了，虽然她的手被绑住了，但她决定集中精力释放魔力。她取两个数字，两数之和为233，用大的数除以小的数，得到商14和余数8。最后，她深吸一大口气，集中精力思考两数之差，魔力引发了一场暴风雪，她得以挣脱了束缚。帮助艾尔莎摆脱束缚的两数之差是多少？

问题4.18 奔赴阿伦黛尔

就在这时，克斯托夫终于明白了自己对安娜的爱，他驾着斯特奔往阿伦黛尔。为了更快地前进，他想到了十个连续的数字。他在心里将它们相加，得到508，但匆忙之间他漏加了一个数字。当他到达阿伦黛尔的冰海时，他看到在远处汉斯正攻击安娜和艾尔莎女王。克斯托夫无暇纠正和的错误。在这个总和中，他漏掉了哪个数字？

问题4.19　真爱

安娜看到克斯托夫带着代表真爱的救赎之吻奔来的同时，她意识到汉斯快要杀死艾尔莎了。在自己和姐姐的生命之间，她选择了后者，她为姐姐挡住了汉斯的剑，艾尔莎得救而她冻成了一座冰雕。安娜牺牲了自己的生命，展示了真正的手足之爱，因此她的冰雪之心开始融化。艾尔莎开始明白了，控制她的力量的关键是爱，但这还需要一个理性的行为。她迅速计算出 102^{12} 除以100的余数，终于成功地打破了永恒冬天的魔咒。她计算出的余数是多少？

问题4.20　真爱融化冰雪

汉斯被阿伦黛尔驱逐出境，遣返回国，而安娜和克斯托夫则可以自由地相爱。多亏了艾尔莎的施法，开始融化的雪宝得以存活，艾尔莎恢复了阿伦黛尔女王之位，她不再隐藏自己的魔力，决定将其用于为公众利益服务。为了庆祝王国重

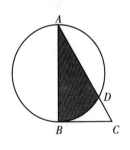

归宁静，艾尔莎用魔法在阿伦黛尔的广场中心建造了一个滑冰场，全国的孩子都很高兴。如图所示，半径为 90 m 的圆周和三角形 ABC 之间的

共同部分是冰场。已知 BC 与圆相切，$\angle BAC = 30°$，那么冰场的面积是多少平方米？（取整数）（如有必要，可使用近似值 $\sqrt{2} = 1.41$，$\sqrt{3} = 1.73$，$\pi = 3.14$）

5

塞普蒂米斯，魔法师学徒

如何成为一个魔法师？一所好的学校，一根好的魔杖，还需要很大很大的毅力。跟随塞普蒂米斯，一名魔法师学徒，看他如何让梦想成真。

2017年4月5日的比赛。文本编辑：奥罗拉·卡格诺尼、桑德罗·坎皮戈托和萨尔瓦托·雷达曼蒂诺。

问题 5.1　小魔法师塞普蒂米斯

在遥远的巫师谷，住着一个可爱的小魔法师，他头戴一顶蓝色的帽子，眼睛是明艳的深紫色，他的名字叫塞普蒂米斯。他告诉他的朋友："我想成为像我祖父一样优秀的人。"今天，他的祖父为了考验他，给他留下了一些魔法砖（如图所示），任务是用这些魔法砖找到一个能得出最小正数的运算，以及一个能得出最大正数的运算。塞普蒂米斯发现的两个数字之差是什么？

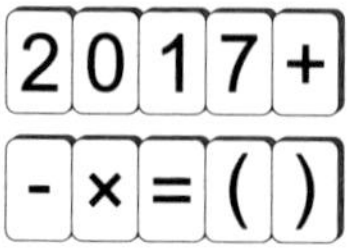

问题 5.2　祖父的怀表

这位年轻的魔法师还没有自己的魔杖，但他敬爱的祖父给了他一块非常奇特的怀表，这块怀表不能显示准确的时间，但能显示一个人是否真诚。怀表在时针转到 2 的倍数时停留 20 分钟，转到 3 的倍数时停留 30 分钟，如果转到 2 和 3 的倍数，则停整整 50 分钟，现在显示为 7∶07。怀表需要多长时间（以分钟为单位）才能回到现在的位置？

问题 5.3　法术大全

塞普蒂米斯决定成为一名魔法师，所以他整天都在练习《法术大全》中的小法术。但他仍处于训练初期，所以他每尝试 7 个法术，就有 3 个不成功。继续按照这个平均数，在 112 个法术中，有多少个能取得理想的效果？

　　　　　　　　　　　　　　　　　　　　好玩数学

问题5.4 帽子里的小老鼠

为了训练自己，他决定尝试一些每个魔法师都应该知道的经典戏法，比如从帽子里掏出老鼠。如果他在魔法帽子里变出14只灰鼠、8只白鼠和6只黑鼠，他需要蒙上眼睛从帽子里取，那么他最少需要取出多少只老鼠，才能确保在取出的老鼠中，每种颜色至少有两只？

问题5.5 怪兽全书

小魔法师心无旁骛，只求有朝一日获得他日思夜寐的魔杖，成为一名正式的巫师。为了实现梦想，他从未停止学习。今天，他想学习《怪兽全书》（如图所示）。

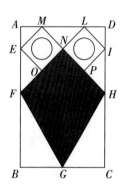

然而要打开它，他需要知道封面上展现的FGHN的区域的面积。塞普蒂米斯拿着一把神奇的尺子，测量出 AD = 56 cm，AB = 80 cm，多亏了他的"数学"技能，他成功地计算出了这块区域的面积，他念出答数，把书打开了。这位年轻的魔法师念的是什么数字？（以平方厘米为单位）

问题5.6 羊皮纸和汗水

"我一定会成功的！"他昂着下巴自信地说，"但这需要时间，很长的时间才能实现！在此之前我需要学会很多东西！"于是塞普蒂米斯又回到了一张古老的长方形羊皮纸学习。他观察到有一条奇怪的线，那是他祖父画的，线段连接纸张相邻两边的中点，形成一个三角形。塞普蒂米斯知道每张古羊皮纸的面积正好是 488 cm²，他问自己三角形的面积是多少平方厘米，并立即将答案写在笔记本上。塞普蒂米斯写下了什么数字？

问题5.7 一群蜂鸟

在学习休息的间隙，他向塔楼外望去，看到窗外有11只彩翼蜂鸟在飞。他决定小试牛刀，当它们继续快乐地飞行时，他施了一个咒语。咒语显示，平均每11只蜂鸟就有23根蓝色的羽毛。然而，过了一会儿，两只各有26根蓝色羽毛的蜂鸟脱离了群体，并立即被一只有20根蓝色羽毛和一只有21根蓝色羽毛的蜂鸟补位。但在塞普蒂米斯发现群体中新的平均蓝羽数量是多少之前，咒语就已经熄灭了。这个数字是什么？

问题5.8 好多彩色的石头

在祖父布满灰尘的书架上，塞普蒂米斯发现了一个袋子，里面有100块不同颜色的石头：黄色、绿色、蓝色和黑色。仔细观察后，他发现有77块石头不是绿色的，15块是黑色的，51块不是黄色的。请问蓝色的石头有多少？

问题5.9 魔药课

今天学校正在研究魔法药水。塞普蒂米斯打算在一个宽5 cm、深7 cm、高11 cm的平行四边形烧瓶里配制药水，但他发现这个烧瓶太小了，于是用魔法把每个尺寸都增加了同样的整数，结果体积比最初的体积大了2639 cm³。它的长度各增加了多少（以厘米为单位）？

问题5.10 被提问

今天，在古代历史课上，塞普蒂米斯被老师提问了。玛丽拉夫教授问他："历史上最著名的红龙有多少个头？"幸运的是，塞普蒂米斯最近在《妖怪之书》中读到，如果红龙比绿龙多6个头，它们就会有总共34个头。但红龙比绿龙少了6个头。塞普蒂米斯给出的答案是什么，才配得上他在古代历史中获得的9分？

问题5.11 神奇的变形术

昨天塞普蒂米斯生病了，错过了他的变形术课程。今天，他的同学埃维什、莱利、亚瑟、坎特和纳迪亚告诉他，他们每个人都变成了这些动物中的一个：一只狗、一只金丝雀、一只猫、一只仓鼠和一条金鱼。塞普蒂米斯很感兴趣，向他们提问，他知道他的朋友们一直很诚实，但有一个人仍然受到一种奇怪药水的影响，他不得不一直在撒谎。这五位巫师宣称：

——亚瑟："我没有汪汪叫，纳迪亚喵喵叫。"

——莱利："我有四条腿，不以种子为食。"

——纳迪亚："我真的很喜欢有羽毛，而且长得不像仓鼠。"

——坎特："我能够在水族馆中游泳或飞行，我非常小。"

——埃维什："我一直都在水下。"

用1表示埃维什，2表示莱利，3表示亚瑟，4表示坎特，5表示纳迪亚，按顺序写出他们谁变成了狗、金丝雀、猫和仓鼠。

问题5.12 神奇的药水

现在是做作业的时间。塞普蒂米斯今天的作业，是尝试制作一剂很复杂的伤口疗愈药水："65 g新鲜丁香，56 g野生鸢尾花瓣，88 g生姜，77 g山茱萸根，以及正好120.25 g的秋日黎明露水。将其混合在一起……"看到大锅里的药水有点多，他终于取出40 g的混合物给他的朋友埃维什试试。现在药水中丁香的百分比是多少？

问题5.13 一只被施法术的小蜗牛

小魔法师正整理他的书籍，他看见倚着墙的书橱立方体和一只小蜗牛。小魔法师施了一个小法术，蜗牛就慢慢开始在立方体三个可见面的标记路径上行走。从A开始，小蜗牛通往B点的最短路径有多少条？

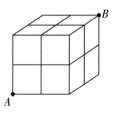

　　　　　　　　　　　　　　　　　　好玩数学

问题5.14　夜间清洁

一天，塞普蒂米斯醒了个大早，出门去采集一种极其稀有的魔法原料：非常珍贵的黎明之气，用以培植一剂药水。路上，他遇见了五个同学埃维什、莱利、亚瑟、坎特和纳迪亚。他们告诉他，昨夜他们在魔法学校做清洁，一共挣了4350个金币。埃维什的工作强度是莱利的两倍，时间是亚瑟的四倍。坎特的工作时间是纳迪亚的三分之一，纳迪亚的工作时间是埃维什的一半。这几个年轻人决定求助塞普蒂米斯，帮他们算算如何按照他们有效工作时间的比例来分配他们的收入。坎特能拿到多少个金币？

问题5.15　魔法比赛

塞普蒂米斯的班级决定参加一个魔术比赛，每队有15名魔术师。比赛包括在规定时间内准备尽可能多的药水。在蓝帽子魔术师的团队中，每一个半的魔术师在一个半小时内准备一剂半的药水。整个团队将在15小时内准备多少剂药水？

问题5.16　一根非常不寻常的魔杖

昨晚塞普蒂米斯做了一个非常美妙的梦。他梦到了属于他的魔杖。它有一个长30 cm的奇怪装饰，由五个相等的等腰直角三角形组成。他猛

然惊醒，问自己："装饰棍子的三角形面积之和是多少平方厘米？"（图片中阴影部分）

问题5.17　爷爷的考验

一天晚上，爷爷快速走进家门，让塞普蒂米斯闭上眼睛，给他描绘了一个几何图案。"想象一个规则的十二边形，每隔一边就在边上朝内部构建等边三角形，共六个。把不在十二边形边上的三角形的顶点连接起来，你就得到一个六边形。如果十二边形的边长为 20 cm，那么六边形的面积有多大？"塞普蒂米斯想了一会儿，然后正确地回答了爷爷的问题。他给出的值是多少？

问题5.18　大树

另一个晚上，爷爷吩咐塞普蒂米斯去树林里。对这个奇怪的命令感到震惊之余，塞普蒂米斯上路了。在一个点上，目光所到之处，丛林显出一片广阔大地，无限光华，月光轻抚大树，他真切地感到内心汹涌澎湃。神树开口问他："如我一样年纪的千年老树在一小时能产生 17 kg 的氧气，假设一位如你一般年轻的小魔法师每小时消耗 7 kg 的氧气，那么多少颗和我一样年迈的树木能维持 340 个年轻魔法师呼吸所求呢？"

在学习了那么多知识后，塞普蒂米斯立马做出了回答。

问题5.19 魔杖

大树向他招手，示意他走近。他的心怦怦直跳。他慢慢走去，步步靠近。"你的时代已经到来，这是你的魔杖，塞普蒂米斯魔法师。它的名字叫'欲望'！拿着它，好好利用它！"魔杖从枝叶中伸出来。它是由28个一模一样的规则骰子的1面粘在一起制成的，这些骰子构成一个立方体，底是4个骰子，高等于7个骰子。塞普蒂米斯看着它，立即意识到魔杖的魔力所在：这种构造顺序，能使骰子可见面上的点数为最大值。这个值是多少？

问题5.20 地精之城

终于完成了目标后，魔法师决定开启前往地精镇的旅程，就和第一位魔法师一样。地精有个小缺点：他们中的一些总是说谎话，另一些只说真话。塞普蒂米斯遇到了四个地精，他问他们："你们当中有几个不说真话？"他得到了以下四个不同的答案："没有！""一个！""只有两个！""三个！"。这群地精中有多少是真正的骗子？

塞普蒂米斯没有浪费时间，他使用了爷爷的老怀表解答了这个谜题。但是，在没有魔法时钟的情况下，你能确定塞普蒂米斯遇到的那群地精中有多少个骗子？（如果只有一个答案，就写000A，其中A是说谎的巨魔的数量；如果有两个答案，就写0B0A，其中A是撒谎者的最高可能性数量，B是撒谎者的最低可能性数量；如果有三个以上的答案，就回答9999）

6

数学大战

卢克·天行者消失了。在他消失的日子里，帝国的灰烬中诞生了第一秩序。无耻之徒斯努克，在黑暗尊主的指引下，不达到将最后一个绝地武士从宇宙中抹去的目的，他绝不善罢甘休。

在共和国所剩寥寥的武士的帮助下，参议员莱娅·奥加纳正试图组织反抗军。

勇气，是你们每个人恢复银河系的和平和自由的必备武器……愿原力与你同在！

2018 年 2 月 7 日的比赛。文本编辑：桑德罗·坎皮戈托，乔瓦娜·卡斯西亚和卢卡·罗马内利。

问题6.1　秘密代码

斯诺克的飞船配备了一个强大的追踪器，第一秩序通过它来控制抵抗军的舰队。在机器人 BB-8 和技术维修员罗斯的陪同下，芬恩秘密出发

$$\begin{array}{r} 3\ \ A\ \ 7 \\ +\ D\ \ B\ \ C \\ \hline 5\ \ 4\ \ 1 \end{array}$$

去寻找追踪器的停用密码，以便使其失效，让抵抗军逃脱。密码 $ABCD$ 由四个数字组成，按数字大小降序排列，这些数字各不相同，它们的乘积是最小的（非零）。罗斯和芬恩知道，这些数字符合如图所示的运算。这个秘密代码是多少？

问题6.2　正确的时机

芬恩和罗斯请求帝国密码破译员 DJ 帮助他们。DJ 解释说，控制室里每隔一段时间就会发出不同的声音。编码为 PLIN 的声音每 4 秒发出一次，编码为 DIN 的声音每 5 秒发出一次，编码为 BEEP 的声音每 6 秒发出一次，最后，编码为 ZUM 的声音每 7 秒发出一次。特鲁知道，停用超空间追踪器的最佳时间是四种声音重叠的时候。为了确保有足够的时间，最好是在四个声音第三次重叠时采取行动。已知当 DJ 进入控制室时，他立即同时听到了这四种声音，以分钟为单位，你能告诉他在采取行动之前会等待多长时间吗？

问题6.3　一瞬间的事

飞行员波·达默龙与 BB-8 一起走在抵抗军秘密基地的走廊上。

好玩数学

BB-8停下来，因为他认为自己听到了可疑的声音，他在后面停了下来。此时，波没有意识到自己已经把机器人拉下了，他比BB-8多走了276 m。BB-8试图追上他的朋友。每一秒钟他都能走5 m，而波只走2 m。BB-8会在多少秒后追上波？

问题6.4 消遣

蕾伊是贾库星球的一个拾荒者，她感觉到有一种神奇的能量在帮助她生存。这种能量可以让她解决很多难题，甚至能帮她走出困境。在童年时她就发现了这种能力，当时她被遗弃，她遇到了以下谜语："比$\frac{3}{5}$大33.3%的分数是多少？"蕾伊只花了几秒就得出了答案。你们呢？（请以得到的最简分数的分子和分母之和作为答案）

问题6.5 梦境

一天晚上，蕾伊梦到了伟大的尤达大师，当时，他正来到他的流亡之地达戈巴星球。他感叹道："泥泞的水坑！这就是我的家了！我决定要开荒垦田！"说罢，尤达大师画了一个大广场，开始了开荒工作。梦境的最后，蕾伊看到了开荒的土地只有如图所示的阴影部分。你知道这相当于正方形面积的百分之几吗？（以结果乘以100的积作为答案）

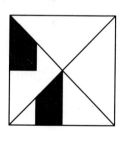

问题6.6　遥远的地方（1）

卢克正在山顶打坐。"从500到1000，哪个数字除以5、7和11，得到的余数都是4？"对他这样的绝地大师来说太容易了。

问题6.7　昂贵的焊缝

在以飞船工厂而闻名的科雷利亚星球（千年隼号也是在那里建造的），正在设计使用不锈钢合金的漂浮舱。每个漂浮舱是由六角形和五角形的零件焊接而成，如图所示。有20个六角形的零件和12个五角形的零件。每条焊缝都连接着相邻的两个侧面。设计的人需要知道所需要的焊缝的总数，以估算施工的成本。

问题6.8　买卖之道

蕾伊弄清了交易的运作方式，计划将最后一批残余的废旧金属以800卢比的价格出售。她知道，如果买方提出一个报价x，卖方提出一个报价y，通过谈判，那么达成的协议等于一个数字$\dfrac{x+2y}{3}$。今天，蕾伊收到了一份600卢比的金属部件报价。她需要提出报价的数字是多少，才能刚好拿到880卢比？

问题6.9 礼仪机器人

礼仪机器人经常被审查。在D3BO的最后一次测试中，出现了以下问题："众所周知，我们的步长平均是我们身高的40%。天行者卢克和绝地大师尤达的身高相差80 cm。从同一条线开始，走12步，卢克比尤达大师先行了多少厘米？"你能通过测试吗？

问题6.10 遥远的地方（2）

卢克思考，有5个连续的3的倍数之和是465。原力告诉他，这些数字中的第一个乘以第四个的乘积是多少。在不使用原力的情况下，你知道这个乘积是多少吗？

问题6.11 塔图因

在27-535-BBY年之前，塔图因是一个被海洋覆盖的绿色星球，后来拉卡塔人对塔图因进行了轰炸，以至于地面上的硅酸盐融化并变成了玻璃。随着时间的推移，海洋蒸发了，玻璃微粒将星球变成了荒凉的沙地。在这个漫长的过程中，塔图因的平均温度，最初为12℃，而后逐渐上升。每年的温度都会增加 $\lfloor \sqrt{n} \rfloor$，其中 n 指大爆炸发生后的年数。在多少年后，平均温度首次达到40℃？（$\lfloor x \rfloor$ 是 x 的整数部分，即小于或等于 x 的最大整数）

问题 6.12　第一秩序的标志

第一秩序标志的最初草稿图如图所示。已知该图形是对称的，半径为 3 cm、6 cm、8 cm 和 10 cm，中心的角 30° 和 60° 交替轮换，请计算该符号标志的阴影部分的面积。

问题 6.13　麻烦降临

代号为 Xavj 的义军基地里，莱娅正在观察控制中心的显示器。监视器一开始是空白的，显示的是图1，在一个被分成九等分的正方形中，

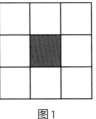

图1

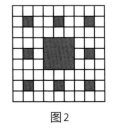

图2

中央部分被点亮。一分钟后，显示器显示图2，即在图1的每个空白方格上重复之前的构造。下一幅图，依次类推。莱娅知道，每一个深色方格（无论大小）都代表着一艘第一秩序的星舰。当她看到第5幅图时，莱娅意识到基地已经被发现，他们很快就会受到攻击，于是她下令撤离。在第5幅图中，参议员莱娅发现了多少艘宇宙飞船？

问题 6.14　逃离Xavj

帝国的武装力量已经登陆了。在352名抵抗军人中，一些人已经拿起武器，准备自卫，而另一些人则没有武器，他们将为撤离做最后准备。如果110人有T型枪，123人有H型枪，151人有激光手枪（pistola laser），33人同时有T型枪和H型枪，52人同时有H型枪和激光手枪，38人有T型枪和激光手枪，而14人同时拥有三种武器，那么在控制中心还有多少手无寸铁的人来处理人员疏散问题？

问题6.15　不眠之夜

一天晚上，芬恩无法入睡。他无聊地盯着电脑屏幕，注意到机器按照一个非常精确的顺序在屏幕角落里写下一些数字。具体来说，顺序是：第1步，加7；第2步，减3；第3步，加2；然后重复这些步骤。现在数字750出现在屏幕上，多少步后数字1000会出现在屏幕上？（如果你认为此题无解，请回答"1000"）

问题6.16　遥远的地方（3）

在一个遥远的星球上，卢克正在思考两个整数 x 和 y，且 $x + y = 63$，$xy = 752$。$x^2 + y^2$ 的值是多少？

问题6.17　新的企划

在尚蒂波尔，一个万壑千岩的星球上，有大量损毁的飞船，所有的飞行员都长期在这儿避难，一个名叫Quarrie的蒙卡拉马里的造船工就住在这儿。Quarrie正在为抵抗组织造一艘飞船的雏形，B翼战机。他必须切割一个如图所示的长方形板块。已知，$AB = 24\,\text{m}$，$AD = 11\,\text{m}$，$GF = AE = 10\,\text{m}$。阴影部分的面积有多少平方米？

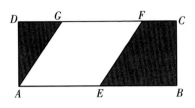

问题6.18　机器人R2-D2

在制作R2-D2机器人之前，工业自动化公司根据如图所示的项目构建了一个比例模型。已知建造真实机器人的材料与建造模型的材料相同，请问按照R2-D2的实际尺寸，即90 cm高建造，以千克为单位，其质量是多少？

> R2-D2
> 比例模型的特点
> 长度：13.50 cm
> 宽度：10.80 cm
> 高度：15 cm
> 质量：375 g

问题6.19　黑暗时代

在刚刚逃脱第一秩序围捕的星舰上，莱娅回想起绝地武士保护银河系和共和国和平统治的时候。随着帝君的到来，人们曾试图进行调解。一个由四人组成的代表团已被派出：从大师委员会的12名成员中选出2名绝地武士。从7名男性和3名女性组成的共和国高级委员会中选出2名参议员，其中至少有1名是女性。莱娅想知道他们可以有多少种不同的方式来选出代表团……以及事情是否本可以不同。

问题6.20 克服缺陷

一个有程序缺陷的医疗机器人无法用电子的方式测量一份巴克他（bacta）的质量，巴克他是一种能在短时间内治愈伤口的神奇物质。如图所示，他决定用一根棍子操作：在一个手臂上挂一个容器，容器里 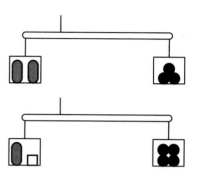 放着两份相同的巴克他，在另一个手臂上挂一个与前者相同的容器，里面放上3瓶kolto（另一种治疗药物），并使其保持平衡。随后进行第二次称重，在第一个手臂的容器里放一份巴克他和一个100 g的轴承。在第二个手臂的容器里放4瓶kolto，并使其保持平衡。请问一份巴克他的质量是多少克？

7

哈利·波特与密室

密室被打开了。

与继承人为敌者，警惕！

2018 年 3 月 10 日的比赛。文本编辑：桑德罗·坎皮戈托和萨尔瓦托·雷达曼提诺。

问题7.1　最糟糕的生日

在女贞路，暑假期间，哈利·波特正在度过他一生中最糟糕的生日：他的朋友们整个夏天都没有给他写信；德思礼一家甚至都没有祝他好，

```
    A  B  C
    A  B  C
 +  A  B  C
 ─────────
    C  C  C
```

而且弗农姨父还请了一位重要客户共进晚餐，希望能与他达成一笔大交易。叔叔命令哈利安静地待在房间里。为了打发时间，哈利打开了一本麻瓜谜语书，发现了一个加密运算（如图所示）。ABC 的值是多少？

问题7.2　多比的警告

哈利正在卧室里解另一个谜题：$a \cdot b \cdot c \cdot d - e \cdot f \cdot g + h \cdot i - l$ 的最大可能值是多少？其中字母代表了 10 个数字。就在这时，家养小精灵多比出现了，并警告他有阴谋，让他不要回到霍格沃茨。小精灵还说，实际上是他截了哈利朋友的来信并藏了起来，让哈利相信他们已经忘记他了，希望他永远不想回到霍格沃茨。更糟糕的是，多比在德思礼家施了魔法，把蛋糕砸在哈利姨父的客户脸上，然后就消失了。弗农姨父被这件事激怒了，姨父告诉他永远也别想回到霍格沃茨，并将他锁在自己的房间里，用铁条堵住窗户。现在哈利有足够的时间来解决他的谜题了。题目的答案是什么？

　　　　　　　　　　　　　　　　　　　　好玩数学

问题7.3　陋居

幸运的是，一天夜里，韦斯莱家的孩子们开着一辆老旧的福特安格利亚汽车来到哈利的窗前。如图所示，弗农姨父在窗户上固定了一个栅栏。罗恩想用缴械粉解救哈利，但他需要计算有多少个可见的矩形。

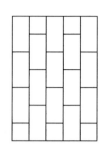

韦斯莱双胞胎建议罗恩不要管它，用飞行器解开铁栅栏。哈利被带到陋居，韦斯莱一家把他当作儿子来欢迎。在旅途中，哈利向罗恩透露他已经数过有多少个矩形，他知道答案。

问题7.4　飞路粉

在陋居待了几天后，霍格沃茨来信准时寄到。孩子们必须去对角巷，选择的交通手段是飞路粉，但哈利从来没有使用过它。韦斯莱夫人向哈利解释说，他只需要走到火炉前，拿着粉末，说出目的地，会出现一道简单的计算题，解出来就可以了。哈利拿着粉末，说出"对角巷"，就消失在一片火光中了。出现在他面前的计算题是

$$\frac{2^{2014} \cdot 3^{2018}}{6^{2016}}。$$

麻烦的是，哈利不知道如果答数是一个分数，他需要回答分数最简形式的分子和分母的总和，所以他回答的是一个分数，最后他发现自己到了翻倒巷。他应该用什么数字来回答出现的计算题呢？

问题7.5 在丽痕书店

好在海格正好路过那里！在丽痕书店外面，哈利找到了韦斯莱一家人，赫敏也在这儿，一个拥抱过后，她帮他修理破损的眼镜。
赫敏建议哈利把镜片从圆形变成正方形的形状，如图所示。哈利谢绝了这个建议。如果没有婉拒，新眼镜片新增的面积比原来的镜片增加百分之几？

问题7.6 黑魔法防御术课老师

"看那儿……是吉德罗·洛哈特！"正说着，韦斯莱太太从人群里钻了出来。罗恩和哈利解释道他的妈妈十分迷恋洛哈特……而正是他，将是他们今年的黑魔法防御术课老师。还没来得及意识到这件事，他就被洛哈特一把抓到众人面前介绍说："大家看，今天哈利·波特将有幸把我的全套著作带回家，他将有幸成为我的一名学生。"一旁的哈利注意到了这本叫《会魔法的我》的书，它有些页面被施了魔法，准确地说是那些页码至少有两个相同数字的页面。如果这本书一共有1000页，那么有多少页面是被施了魔法的？

问题7.7 打人柳

9月1日，到达国王十字车站后，哈利和罗恩发现他们无法穿过$9\frac{3}{4}$

站台，于是错过了火车。他们决定开福特安格里亚车飞回霍格沃茨学院。途中，哈利和罗恩为了打发时间，对了假期作业的答案。城堡已经进入视野了，此时哈利发现罗恩做错了一道题，这题问：有多少个小于或等于1000的正自然数，等于4个连续的正自然数之和？哈利正打算教罗恩如何改正这道题，汽车开始坠落，撞在了打人柳上。哈利和罗恩奇迹般地逃出愤怒的打人柳的手心。罗恩做错的这道题目的正解是什么？

问题7.8　吉德罗·洛哈特

因为开着会飞的汽车进入霍格沃茨学院，他们险些遭到学院开除，这之后他们又迎来了新的麻烦。打人柳把罗恩的魔杖弄坏了，为此他收到了妈妈的吼叫信。还有什么能比这更糟糕的吗？在第一节黑魔法防御课上，洛哈特放出 n 个康沃尔郡小精灵，它们把教室里弄得乌烟瘴气乱成一团。由于老师抓不住它们，他命令罗恩、赫敏和哈利把它们都抓起来。哈利记得洛哈特说过，n 是一个二位数，n 除以2得到的余数是1，n 除以5得到的余数是3，n 除以9得到的余数是2。他们需要抓捕多少只小精灵？

问题7.9　黑夜里的声音

损害打人柳的处罚就是帮洛哈特教授给他的崇拜者回信。洛哈特回信总是使用一些套话。开头总是"亲爱的""尊敬的""伟大的"或"敬爱的"其中之一，然后会写"谢谢你""我尊重你""我奖励你"

或"我敬佩你",结尾总是"特此致敬""再会""永远挂念你"或"你真棒!",再加上签名。

哈利注意到"我敬佩你"不和"特此致敬"一起使用,"亲爱的"不和"你真棒!"一起使用。哈利正要计算洛哈特可以写出多少种不同的信,有一个声音分散了他的注意力"杀人……杀人……是时候了……"洛哈特没有听到一点声音,他看到哈利十分的惶恐不安,便让他回去睡觉了。如果那个声音没有出现,哈利计算出的结果将是多少?

问题7.10 墙上的字

回房间的路上,哈利遇到了罗恩和赫敏……这时他又听见了那个声音。石墙上的蜘蛛纷纷爬散,留下一行字:"密室被打开了。与继承人为敌者,警惕!"他们尚未来得及转身,格兰芬多、斯莱特林、拉文克劳和赫奇帕奇四所学院的

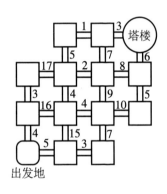

学生从各个方向走来,注意到了墙上的字。墙上挂着一只静止僵硬的洛丽丝夫人,它是费尔奇的猫。邓布利多和其他老师赶来,看到这样的场面,邓布利多命令所有人立即用最短的时间回去就寝。拉文克劳学院立即照办。如图所示,是拉文克劳学院学生从他们所在的地方到塔楼的所有可能路线。图中显示了穿过走廊所需的时间(以秒为单位),他们完成邓布利多的命令需要多少秒?

问题 7.11　密室与继承人

　　所有人都惶恐不安，密室到底是怎么回事？应赫敏的提问，幽灵教授同意讲解这件事。"霍格沃茨学校是一千多年前创办的，创办者是当时最伟大的四个男女巫师：戈德里克·格兰芬多、赫尔加·赫奇帕奇、罗伊纳·拉文克劳和萨拉查·斯莱特林。开头几年，几个创办者一起和谐地工作，可是，慢慢地他们之间就有了分歧，斯莱特林和其他三人之间的裂痕越来越大。斯莱特林不愿意接收麻瓜生的孩子，认为他们是低等的。然后斯莱特林便离开了学校，传说离开之前他在城堡里建了一个秘密的房间，里面有恐怖的怪兽，只有继承人能够开启密室。所有的老师都找过这个密室在哪儿，它真实存在的概率等同于抛掷 4 个由 1-2-2-3-3-3 组成的骰子，得出一样的点数。"幽灵教授说的概率等于多少？（以得出的最简分数的分子分母之和作为答案）

问题 7.12　格兰芬多－斯莱特林

　　现在不是考虑密室和继承人的时候。年度最重要的魁地奇比赛就要开始了。因为有马尔福父亲送的光轮 2001，斯莱特林的扫帚比格兰芬多的要好。哈利正拼尽全力，一颗疯狂的游走球瞄准了哈利朝他击去。在躲过好几次游走球后，哈利发现了马尔福身后的金色飞贼，并俯冲追击。为了集中注意力，哈利深吸一口气，在心里计算出其各个位数的乘积是 2000 的最小自然数。他尖叫着喊出所解出的数字的各个位数之和，然后向前俯冲抓住了飞贼，使他的团队获胜。哈利喊了哪个数字？

问题 7.13　决斗俱乐部

哈利在医院病房度过的一夜里，就发生了多少事情啊！首先是多比给他制造麻烦的原因，其次是连科林都被石化了，最后是密室不仅存在，而且再次被打开了。哈利希望使用复方汤剂变身去调查此事……但还需要一些时间。此时洛哈特正开办决斗俱乐部，教学生们如何自我防卫。第一场决斗的双方是哈利和马尔福。哈利召唤出一条蛇，蛇嘶嘶地问："$7 + 77 + 707 + 7007 + 70.007 + \cdots + \underbrace{70 \cdots 07}_{20\uparrow 0}$ 答数的数位之和是多少？"

出乎所有人的意料，哈利用蛇佬腔给出的谜语的答案让动物安静下来。他念的是什么数字？

问题 7.14　复方汤剂

每个人都深信哈利是斯莱特林的继承人，当人们发现贾斯廷和差点没头的尼克也双双石化的时候，情况变得越来越糟糕了。幸好赫敏已经准备了复方汤剂，圣诞节假期来临，行动的时机到了。哈利和罗恩变成了克拉布和高尔，赫敏则变成米里森。还差两样东西就能完成汤剂了。还需要一些我们要变的人的头发，以及计算出所有小于或等于300，且 $\sqrt{x + 24}$ 为整数的正整数之和。哈利和罗恩准备第一样东西，赫敏准备第二样东西。答案是多少呢？

问题 7.15　绝密日记

　　什么也没发生。计划成功了，而且马尔福对此一无所知，因为米里森养的小猫的毛发被错当成米里森的头发，赫敏在医院病房里住了几日。水还在源源不断地从哭泣的桃金娘的盥洗室的门缝下面渗出来，正在蔓延到整个学校。哈利和罗恩意识到了问题的严重性，跑去关上所有的水龙头。哈利在地板上捡到一本旧的日记本，日记本的主人是汤姆·里德尔，日记本一页一页全是空白的。晚上，哈利·波特被这本日记吸引，他试着在上面写点什么，但墨水消失得无影无踪。日记本的这个位置出现了一个图形（如图所示），还写着一句话：如果这个十边形的面积是 20 cm^2，图中阴影部分的面积是多少平方厘米？"也许这是一个访问密码。"哈利·波特心想，随即写下答案。哈利·波特写下的数字是多少呢？

问题 7.16　海格的秘密

　　哈利发现通过在日记上写字可以和里德尔交流，日记可以向他揭示50年前发生的事情。哈利被带回过去，作为一个隐身的旁观者，他发现了当时13岁的海格被里德尔本人指责为打开密室的人，由于海格把锁在里面的怪物放出来，怪物杀死了一个女学生。人们认为这个怪物是海格的宠物蜘蛛，阿拉戈克（Aragog）。哈利意识到这就是海格被霍格沃茨开除的原因。哈利被带回现实世界，他的脑子里牢牢记着阿拉戈克

（Aragog）的名字。他的数学头脑问 ARAGOG 这个词语有多少个变位词，其中所有的元音和辅音分开排列。解出谜题后，哈利决定上床睡觉。他算出的得数是多少呢？

问题7.17 神秘的谜语

几日之后，霍格沃茨又发生了一起袭击事件：拉文克劳的学监和赫敏被石化了，而放在哈利房间的里德尔的日记也被偷走了。哈利和

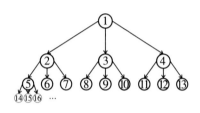

罗恩认为是时候去和海格谈谈了，找他讨个说法。但他们还没来得及问，海格已经被魔法部的部长带去巫师监狱阿兹卡班了，他被指控重新打开密室的门。离开之前，海格给哈利和罗恩留下了一个神秘的线索，即"如果1是2、3、4的父亲，2是5、6、7的父亲，以此类推，就像上图一样，找到2018年的父亲，然后跟着那些蜘蛛走。"他这么说是什么意思？"哈利想知道。过了一会儿，他说："我知道2018年的父亲是谁。""哦，是吗？"罗恩说，"他是谁？"

问题7.18 阿拉戈克

哈利和罗恩不知道还能做什么，他们跟随蜘蛛走进禁林，他们遇到了一个庞然大物，是老阿拉戈克，它的周围都是它的子嗣。它的孩子们都知道阿拉戈克不是密室的怪物。他们面临被这些蜘蛛吞噬的危险，阿

拉戈克向哈利解释道："50年前我还是孤身一个，而现在我已经有无数的后代。每隔10年，一只八眼巨蛛就会诞下它一生中唯一的一窝的蜘蛛，一窝有6只蜘蛛，最后一窝刚刚孵化。在这期间，没有任何蜘蛛会死亡或消失。你知道会有多少蜘蛛吃掉你们小人类吗？"当一切看起来就要完蛋时，罗恩父亲的福特汽车出现了。"我正打算回答它呢。"哈利说。"回答它什么？"罗恩问道。"回答它会有多少只蜘蛛要吃我们。"请问答案是什么呢？

问题 7.19 密室

二人回到城堡后，看见了赫敏写的纸条，她在被袭击之前已经知晓了一个事情：怪物是一条怪蛇，怪蛇有着致命的毒牙，通常可以活好几百年，蛇怪的瞪视也能致人死亡。幸运的是，由于一连串的巧合，这个怪物无法直接和人对视，它不能杀人，只能用它反

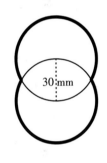

射的目光使人石化。哈利回想阿拉戈克的故事，意识到50年前被谋杀的女孩是桃金娘。之后偷听了老师的对话，哈利和罗恩发现小金妮被怪物绑架，并被带到了密室。现在哈利已经意识到要去桃金娘的盥洗室里寻找丢失的线索。他注意到在一个水龙头上有一幅画，他必须用蛇语来念出图案外边缘周长的毫米数，这个图案由两个圆组成，每个圆都经过彼此的圆心。哈利念出什么数字才能打开密室？

问题 7.20　斯莱特林的继承人

他们进入了密室，一直跟着他俩的吉德罗教授抢走了罗恩的魔杖，试图向这两个孩子施遗忘魔咒。咒语反弹到吉德罗身上，让他失去了记忆。隧道倒塌，将哈利与罗恩和吉德罗分开。哈利独自走进密室，发现金妮躺在地板上不省人事。在她身边的是鬼魂记

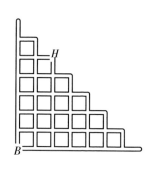

忆中的小汤姆·里德尔，他已经从日记中走了出来。汤姆·马沃罗·里德尔实际上是伏地魔的真名。当汤姆召唤蛇怪时，邓布利多的凤凰介入，递给哈利一顶老巫师的帽子并攻击蛇怪的眼睛。哈利逃进了地下管道，蛇怪虽然被蒙住了眼睛，但仍在追赶他。观察图片：如果哈利藏在 H 点，巴斯克在每个岔路口随机选择方向跟随，它第一次就能找到哈利的概率是多少？请以得到的最简分数的分子和分母之和作为答案。

问题 7.21　多比的报偿

哈利从凤凰戴的帽子里拿出一把闪亮的剑，经过一番苦战，他成功地将剑插入了蛇怪的喉咙将其杀死。利用蛇怪的一颗毒牙，哈利成功地摧毁了日记，并消灭了里德尔的鬼魂记忆，救出金妮。回到校长办公室，哈利见到了卢修斯·马尔福，并意识到是他把日记留在对角巷坩埚里，故意让金妮找到了它。他还发现，多比是马尔福家的家养精灵。然后，哈利扯下一只袜子，把它放在日记本的两页之间，在一页上写了一

个谜题，并向马尔福先生提出这个谜题。卢修斯念道："如果 x 和 y 是正整数，且 $\dfrac{1}{x} + \dfrac{1}{2x} + \dfrac{1}{3x} = \dfrac{1}{y(y-2)}$，那么 $x + y$ 的最小值是多少？我现在没有时间处理这些琐事！"说着，他把日记本递给多比。多比打开它，发现了让它从奴隶身份解放的袜子。马尔福先生不知道的谜题的答案是什么？

8

怪兽电力公司

　　怪兽之都的电力公司把孩子的尖叫声转化成电能源，为城市供电。怪物必须在晚上通过特殊的门进入孩子们的房间来吓唬他们，这些门通向人类的世界。

　　2019年3月9日的比赛。文本编辑：卡洛·卡索拉，桑德罗·坎皮戈托，保罗·达利奥和萨尔瓦托·雷达曼蒂诺。

问题8.1 房门密码

萨利文和麦克是怪兽之都里的头号吓人专家。夜晚的时候，他们通过一扇特别的门进入人类世界吓唬小孩。今天，分配给麦克的门的启动密码是这个算式的结果：

$$\frac{2-3+4-5+6-7+8-9+10-11+12-13+14}{(3-1)(3-2)(3-4)(3-5)}$$

麦克打开这扇门需要输入什么数字？

问题8.2 怪兽大学

要成为吓人专家，萨利文和麦克需要在怪兽大学完成学业。最后一次考试时，萨利文需要面对连续4门考试，分数从1到100。萨利文前三门考试的成绩是67、68和60。此时他的平均成绩是好的，但他仍然感到不满意。他需要在第四门考试里取得多少分的成绩，他的平均数才能增加3分？

问题8.3 电力

怪兽们需要孩子们的尖叫声来发电。他们可以在生产计划书里看到今天所需生产的电量。图中显示的是一个正立方体的平面展开图。今天的生产目标为X，它的值对应立方体的写着X的正确数值。（在一个正方体里，相对的面的数字之和相同）

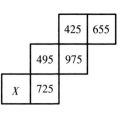

好玩数学

问题8.4　忘关的门

萨利文结束了一天的工作后，他发现还有一扇门开着。要关上这扇门需要密码，但他忘记密码的数字了。他快速查阅备忘录，确认了密码就是这道题的答案：有1000个整数之和是-1。这些数字里，最多可以有几个大于2019？萨利文快速计算得出答案，但太迟了，一个叫阿布的人类小女孩，已经来到了怪兽之都。

问题8.5　一段新友谊

萨利文和麦克把阿布藏起来，因为在怪兽的世界，大家都认为小孩子是非常危险的生物。但很快怪兽们发现小女孩是无害的，并很快地和她建立起友谊。为了逗她开心，麦克跟她提出了一个游戏：我有一个数字 n，将其减去3后除以9。萨利文也有一个同样的数字，他将这个数字减去9后除以3。我们得到一样的答案。这个数字 n 是多少？

问题8.6　调查

萨利文和麦克怀疑有人想拐走阿布，他们把阿布放在安全的地方，然后出门调查这件事。他们肩并肩行走，经过同样的路程。麦克走一步是 $80\,\mathrm{cm}$，走了1200步。假设萨利文走一步的长度是麦克一步的 $\dfrac{6}{5}$，请问萨利文一共走了多少步？

问题8.7　尖叫声提炼机

　　萨利文和麦克发现蓝道设计了一台机器，专门用来提炼小孩子的尖叫声。蓝道把机器放在一个中心为 O，边长为 10 m 的房间里；它的边长被平分成十个相同的部分，每一部分长 1 m。为了使这个机器失效，麦克需要计算出三角形 CDO 和三角形 ABO 的面积之比。这个比值是多少？

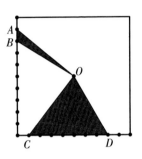

问题8.8　同谋

　　萨利文和麦克跑去向主管告发蓝道的计划。但主管给他们出了以下问题：已知 a、b、c 和 d 是 4 个整数，且

$$(a-125)^2 + (b-235)^2 + (c-540)^2 + (d-700)^2 = 0$$

请问 $a+b+c+d$ 的值是多少？

　　这和通往尖叫声提炼机时见到的是同一个公式。这两个怪兽随即意识到主管是蓝道的同谋。

问题8.9　奇怪的门

　　当表克和萨利文跑向一扇门时，主管追向他们。这扇门的形状是一个长方形，且长方形的四条边都有一个门框。这扇门包括其框架，高 100 cm，宽 80 cm。门框的宽为 10 cm。门框所占的面积是多少平方厘米？

问题 8.10　在喜马拉雅山

通过这扇门，麦克和萨利文来到了喜马拉雅山。他们想回到怪兽世界，但是他们无法重新打开那扇门。事实上他们不知道那扇门的密码就是这道题目的答案：在 1 和 2019 之间，有多少个数是完全平方数或完全立方数？

注意：既是完全立方数又是完全平方数的，如 1，只记 1 次。

问题 8.11　雪人

在喜马拉雅山麦克和萨利文遇到了一个怪兽雪人，它也来自怪兽之都，被流放到人类世界后被迫藏身于深山之中。雪人很高兴见到他们，还请他们吃冰激凌，并提出一个古老的问题。

$$\frac{2^{2^{2^2}}}{\left[\left(2^2\right)^2\right]^2}$$
的计算结果是多少？

问题 8.12　给雪人的谜题

萨利文和麦克为了报答雪人，让它开心，他们向雪人提了一个数学问题。有多少个等腰三角形，所有边长都是整数，底长为 10 cm，斜边长度小于或等于 2019 cm？

问题8.13 村子里的门

麦克很担心阿布的情况，想要回到怪兽之都。他在附近的村子里找到了一扇门。萨利文认得这扇门，还记得打开它的密码对应的谜题：我有100枚硬币，其中一部分是50分钱，另一些是2欧元。如果50分的硬币都换成2欧元，2欧元的硬币都换成50分钱，那么我会比之前多出27欧元。那么我本来有多少枚2欧元的硬币？麦克立即解出了谜题，就这样，萨利文、麦克和雪人都回到了怪兽之都。

问题8.14 发现

萨利文和麦克成功粉碎了蓝道和主管的计划，并向缉童局证明了人类并没有危害。为了证明这一点，他们向阿布提出了这个问题：在表格上沿着边能画出多少个包含黑色方块的正方形？阿布通过回答问题，给发电站的电池充上了电。请问答案是多少？

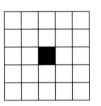

问题8.15 蓝道的失败

计划成功了！通过这次展示，缉童局流放了蓝道，并撤了主管的职位。麦克被推选成为新电力公司的主管，而且从今以后，公司靠数学题目发电。为了庆祝新时代的到来以及告别阿布，麦克提出了一个问题：如果 $\frac{1}{2} + \frac{1}{3} + \frac{1}{5} + \frac{m}{n}$（$0 \leq m \leq n$，且 $\frac{m}{n}$ 是最简分数）是一个整数，那么

$m + n$ 的值是多少？阿布再次作出回答，可电池过载，以至于不得不建一个新的发电站。

问题8.16　电力公司

根据麦克的建议，新的靠数学问题供电的电力公司建成了。它的形状为一个等腰梯形 $ABCD$，最长的底边 $AB = 11\,\text{km}$。如果梯形沿对角线 BD 弯曲，C 点的终点是最长的底边 AB 上的 E 点。已知线段 $AE = 6\,\text{km}$，梯形的面积是多少平方千米？

问题8.17　思念

阿布已经回到属于她的世界了，萨利文非常想念这位朋友。他一边计划着去找她，一边心想着该给她出什么题目好呢，想着想着时间过去了。他找到一道完美的题目：通过连接图片中任意两点，可以构成多少条线段，且图中的其他点不能在线段上？

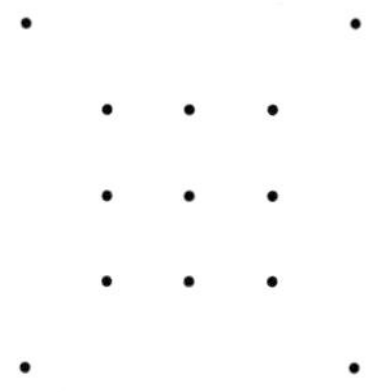

问题8.18　能源生产手册

由于现在靠数学问题生产能源，现在怪兽之都全面普及习题训练手册，其中全是有趣的练习题。麦克就是这一领域的佼佼者。他发明了这道题目：如果 $a \cdot b \cdot c = 2020$，且 a、b、c 是三个不同的正整数，那么 $a + b + c$ 的最大值是多少？

问题8.19 拜访朋友

最终萨利文找到了阿布。拜访这位小朋友期间，萨利文和她玩了一个游戏：从同一个点出发，萨利文和阿布向着相反的方向各走12 km。随后，他们都在自己的所在的点上向右转90°，并沿着直线继续行走。阿布走了3 m，萨利文走了7 m。"现在我们之间的直线距离是多少米？"萨利文问阿布。阿布需要给出什么答案，才能给怪兽之都的新能源电池充电？

问题8.20 一次冒险的结束

现在，怪兽们已经发现了一种更有效的能源生产方式，他们不再去人类世界吓唬孩子，而是去那儿帮助他们成为数学高手。麦克的最新发现为怪兽之都的电池充了至少10年的电量。麦克给人类儿童想出的难题是：有三个正整数 x、y 和 z，已知

$$\frac{x \cdot y}{z} = 2, \frac{x \cdot z}{y} = 8, \frac{y \cdot z}{x} = 18,$$

请问 $x + y + z$ 的值是多少？

你们人类，是否能够通过正确回答这道题目来助力怪兽之都发电呢？告诉怪兽们答案吧！

9

阿斯泰利克斯历险记

公元前50年，凯撒大帝率领罗马军队入侵了高卢。高卢首领维钦托利不得不在罗马军队指挥官前放下武器，认输投降，由此整个高卢地区被占领了。但事实上，并非全都如此……

2019年10月25日的比赛。文本编辑：桑德罗·坎皮戈托和保罗·达利奥。

问题9.1 整个吗？不！

公元前50年，经过长期的斗争，高卢人被打败了，整个高卢地区被罗马占领了。整个吗？不，因为在1831个村庄中，还有一个胜利地抵抗了入侵者。

1831是这样一个数字，中间两个位数的数值之和等于11，第一个和最后一个位数的数字连写也是11。有多少个具有这种特性的四位数？

问题9.2 巨石

在抵抗入侵者的村庄里，我们见到了我们的主人公阿斯泰利克斯和他的朋友奥勃利。后者的背上背着一个直长方体的巨石。这个长方体的边长（以分米为单位）是大于1的整数，三个面中有两个面的面积分别为781 dm²和497 dm²。请问这个长方体的体积是多少立方分米？

问题9.3 帕诺哈米克斯的神奇药水

阿斯泰利克斯和奥勃利去找祭司帕诺哈米克斯，祭司正在调配神奇药水，这种药水能使人力大无穷。阿斯泰利克斯想要知道配方，但帕诺哈米克斯不能泄露配方，因为配方只能在祭司之间口耳相传。

帕诺哈米克斯往杯子里倒满药水，然后要稀释它。他取出一半的药水，替换成水。现在杯子里有50%的药水和50%的水。搅拌均匀后，他再次取出一半的溶液，替换成水。重复操作几次，当水的比例第一次超过90%时，水占溶液的百分比是多少？（将得到的百分比乘以100作为答案）

问题9.4 罗马军队

与此同时，罗马军队的百夫长凯厄斯·波努斯（Crismus Bonus）在村子周围的营地里召集了所有的部队。一共是23 232名军团成员。他的副手马库斯·萨卡普斯注意到这是一个只有2个数字交替的回文数。有多少五位数，是只由2个交替的数字组成的回文数？

问题9.5 间谍

凯厄斯·波努斯需要一个志愿者，但没人愿意出头。因此他给士兵们出了个游戏："士兵们！第一个解出游戏谜底的有赏！$3^{2019} + 4^{2019} + 5^{2019}$，答数的个位数是几？"

一位名叫卡里古拉·米纳斯，外号小卡里古拉的士兵给出了准确的答案，但是"奖赏"是让他去当间谍，目标是找到高卢人不败的秘密。小卡里古拉给出的答案是多少？

问题9.6 袭击十字路口

罗马人把小卡里古拉乔装打扮成高卢人囚犯，并把他用链条拴在树林里。罗马人希望高卢人来"释放"他，把他带回村子里，好让他探查到他们的秘密。

到达树林里三条小径交汇的十字路口

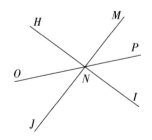

后，阿斯泰利克斯和奥勃利发起了进攻。十字路口的构成如图所示：$\angle JNH$ 是 $112°$，$\angle JNP$ 是 $117°$。$\angle ONH$ 的大小是多少度？

问题9.7 神奇药水的时效是多久

阿斯泰利克斯和奥勃利把自称卡里古拉·米尼克斯的卡里古拉·米纳斯带回村庄。他受到了村民们的欢迎，并成功引起了祭司帕诺哈米克斯的同情，祭司给他尝了一口神奇药水。但很快他的身份就被揭穿了，被村民们赶回了罗马营地。

高卢人没能阻止他——他刚刚喝了神奇药水！但阿斯泰利克斯高声说："没关系！药水的功效很快就会过去的！""是的。"帕诺哈米克斯赞同道："确切地说是在 π 日后。"

已知现在是 12 点，用 π 的近似值 3.1416 计算，至少 3 天后药效才散，那么药水的效果在多少点结束呢？（答案的形式为数字hhmm，格式是 12 小时制，而不是 24 小时制，前两位数是小时，后两位数是分钟，四舍五入）

问题9.8 军团成员之间的斗争

卡里古拉·米纳斯回到营地，揭发了高卢人的秘密：一种神奇的药水！为了让大家相信药水的威力，他把许多战友打得落花流水。然而，药水的效果一消失，所有刚刚被揍的人开始轮流殴打报复卡里古拉·米纳斯。被卡里古拉·米纳斯揍的军队成员人数等于 $55^{55} \times 54^{54} \times 53^{53} \times 52^{52} \times 51^{51} \times 50^{50}$ 的最后的 0 的个数。有多少个军队成员被揍？

问题9.9 逮捕帕诺哈米克斯

现在罗马人知道，高卢人抵抗成功的功劳归功于祭司，于是决定抓捕他。为了抓到这个祭司，他们在树林里设置了一个陷阱。他们挖了一个直角三角形的洞，为了支撑掩盖它的树枝，他们放置了两根棍子，其中一根棍子对应垂直于斜边的高线（60 cm 长），另一根棍子对应连接该垂足到较短的直角边的垂线（36 cm 长）。这个三角形的斜边长度是多少厘米？

问题9.10 被逼供的帕诺哈米克斯

罗马人成功捕获了帕诺哈米克斯。如今，帕诺哈米克斯被五花大绑地躺在一个帐篷里，罗马人向他逼供神奇药水的秘密。然而，多亏了专注的天赋，祭司毫不费力地抵抗住了严刑逼供。

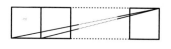

比如他会思考下面这个问题：一个烧烤架上有 2019 个边长为 2 cm 的小方块，如图所示画出一个三角形。请问这个三角形的面积是多少平方厘米？

问题 9.11 牛贩子

与此同时，阿斯泰利克斯对祭司长时间的消失感到担忧，于是他决定出发寻找祭司。后来，他才得知祭司被罗马人抓走带到佩蒂博努姆军营里。为了混进军营，阿斯泰利克斯说服一个牛贩子把他藏在货车里。如图所示，货车里的小平板的形状是一个不规则的四边形。里面放着铁铲 DL 和一个小马鞭 KL，其中点 K 是 CB 的中点，KL 平行于 AD，已知四边形 $ABCD$ 的面积是 $120\,\text{cm}^2$，请问四边形 $LBCD$ 的面积是多少平方厘米？

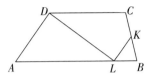

问题 9.12 阿斯泰利克斯投降了

阿斯泰利克斯成功潜入佩蒂博努姆军营，并找到了帕诺哈米克斯。他们一致决定佯装投降，戏弄一下罗马人。此时，罗马士兵们正在帐篷外头的营地上集合。士兵的人数等于

$$\frac{6^{2020} - 6^{2019}}{6^{2018}}$$

请问罗马士兵的人数是多少？

问题 9.13 假药水

帕诺哈米克斯让罗马人以为他正在配制药水。因此，祭司让罗马人护送他到树林里采集原料。返程时，他收集了 12 枝槲寄生、21 个树根

和14朵野花，并把它们都装在同一个麻袋里。请问，通过从口袋里盲抓物品，他至少要拿出多少件东西，才能保证其中一定有至少1枝槲寄生、3个树根和4朵野花？

问题9.14　草莓

在配制假药水的过程中，帕诺哈米克斯假装需要一些草莓，但现在可不是草莓的季节啊！于是，士兵们被派去寻找这种珍贵的水果。两个高卢人享受了好几天"囚犯"的生活后，士兵图利乌斯提着一篮子的草莓回来了。在他寻找草莓的过程中，他以15 km/h的速度出发，返程的过程中，他沿着同样的路线用了两倍的速度回营。请问，在整个旅途中他的平均速度是多少千米每小时？

问题9.15　真烦人

所有的罗马人，包括百夫长和他的副手，都喝了这种药水，他们的体力没有增长，他们的胡子倒是增长了不少！12分钟后，凯厄斯·波努斯的胡子增长了72 cm。4分钟后马库斯·萨卡普斯服用药水，但8分钟后他的胡子已经有96 cm长了。假设某一刻他们两个人的胡子一样长，那么请问此时他们的胡子的长度为多少厘米？（如果这个时间点不存在，请以9999作为答案）

问题9.16　解药

凯厄斯·波努斯索要使胡须停止生长的解药，帕诺哈米克斯同意了（因为他知道次日之前这些胡子就会消失）。但是，他也答应了阿斯泰利克斯，要为高卢士兵偷偷准备少量但是真正的神奇药水。

为此，他搞到了两个锅。一个用来配制解药，一个用来配制神奇药水。两个锅都是圆柱形的：大锅的底部半径比小锅的长80%，大锅的高度比小锅的高70%。

大锅可配制的药量与小锅可配制的药量之比是多少？（得到的比值用分数表示，其中分母为1000，以其分子作为答案）

问题9.17　抓住他们

阿斯泰利克斯偷偷喝了神奇药水，然后拿着帕诺哈米克斯给罗马人配制的解药走出帐篷。凯厄斯·波努斯摆脱了胡子的麻烦，并且确信这两个高卢人确实是手无缚鸡之力。于是，他决定把这两个高卢人抓了报仇（即便如此，他也拿不到真正的神奇药水）。他召集了士兵，大喊："抓住他们……抓住他们……抓住他们！"（Acciaffuteli... Affucciateli... Affacuciteli...！）然而，因为情绪过于激动，他每次喊"抓住他们"（Acciuffateli）时，只能喊对开头"A"和结尾"teli"。请问照这么喊，他能喊错多少次？

（译者注：Acciuffateli意大利语的意思是"抓住他们"）

问题9.18 在佩蒂博努姆军营中相遇

由于神奇药水的魔力，阿斯泰利克斯将罗马人打得落花流水。混战之中，他发现了帕诺哈米克斯就在营地的对面。和所有的罗马营地一样，佩蒂博努姆军营由一排排的街道组成，形成一个方形的网格。如图所示，阿斯泰利克斯在 A 点，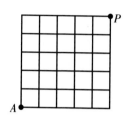帕诺哈米克斯在 P 点。两人奔向对方，阿斯泰利克斯只向右或向上移动，帕诺哈米克斯向左或向下移动。如果他们以同样的速度奔跑，他们相遇的概率是多少？（请以得到的最简分数的分子和分母之和作为答案）

问题9.19 在蒙古

最终阿斯泰利克斯和帕诺哈米克斯碰面了，并一起逃出了营地。但他们发现自己被一群罗马人挡住了去路，这支军队人数众多，即使阿斯泰利克斯喝了神奇药水也无法抵挡。他们的指挥首领正是朱利叶斯·凯撒本人。

凯撒看清了凯厄斯·波努斯的无能（一旦他掌握了神奇药水，他充满野心的目光就会投向罗马）。于是凯撒就把他派到蒙古去，那里的野蛮人似乎正在造反……

这些野蛮人每天都不安分。准确地说，他们每天闹的动静和当月的日期一样多（比如今天是1月16日，他们就会搞16个破坏行动）。在一个平年（非闰年），他们会搞多少次破坏？

问题9.20　最后的盛宴

凯撒放走了阿斯泰利克斯和帕诺哈米克斯后，发现自己中了这两个人的圈套。他们回到了村庄，是时候庆祝一番了。大伙儿围坐在一个大圆桌前，吃着野猪肉，喝着温热的塞维利亚酒，举杯庆祝。每个高卢人都比旁边的人多吃或少吃一只野猪，每个人至少吃了一只野猪，阿斯泰利克斯正好吃了一只。已知所有人一共吃了27只野猪，则最多有多少个食客？

10

附录：问题解析

本章节介绍了前几章中提出的所有问题的解析。

每个题目的解析之前都有答案，以便于快速地查找以及参赛选手里做对这些题目的百分比，以参考题目的难度。

许多问题介绍了不止一种的解析，当然我们也非常欢迎读者发现其他的解答方法。我们认为解答思路的多样性也是解题的乐趣之一：所有的解题策略都十分有趣，即使是最幼稚的方法，例如经典的逐一试错，也值得关注并用以教学。毕竟，"解题"不应该只指现有算法的应用（但你也需要知道怎么用！），而是以某种方法去应对具有问题性的场景，并解决它。

我们力图详尽地解释答案的每一步，尤其是实际教学过程中不常提及的部分。反之，如初级方程式这样的机械计算就留给读者们自己计算了。在适合使用附录中解释的技巧的地方，会在脚注中提及。

通常在竞赛中，包括小组竞赛，是不允许使用计算机的，所以我们力图指出缩短和简化计算的方法，甚至有些地方能直接得到答案。

因为在小组比赛中，答案必须总是以四位数的形式给出（这样可以让软件自动检查答案），所以所有的答案都是数字。因此，当结果是其他形式的数时，会有提示"以……作为答案"。此外，除非另有规定，以带小数点的数字的整数部分作为答案。当然，解决一个问题的最有意义的地方在于所使用的方法，但出于对原文的忠实，我们更愿意保留这一制约因素。

在文本中，若无另外说明，则使用以下近似值：

$$\pi \approx 3.14, \sqrt{2} \approx 1.41, \sqrt{3} \approx 1.73。$$

　　　　　　　　　　　　　　　　　好玩数学

10.1 匹诺曹

题目解析

1.1	盖比特的家	3	70%
1.2	匹诺曹	40,56	93%
1.3	许愿星	519	48%
1.4	蓝仙女	8	63%
1.5	匹诺曹的良心	45	50%
1.6	匹诺曹去上学	141.9	37%
1.7	狐狸和猫	6	57%
1.8	吃火人的表演	60	17%
1.9	被吃火人抓走的匹诺曹	57	2%
1.10	盖比特寻找匹诺曹	180	56%
1.11	谎话连篇	107%	17%
1.12	匹诺曹回家	34	26%
1.13	奸诈的马车夫	41	2%
1.14	匹诺曹再遇不测	84	70%
1.15	玩乐国	68	24%
1.16	好多驴	29	6%
1.17	寻找盖比特	1,362	13%
1.18	在鲸鱼肚子里	60	39%
1.19	逃回家	1600	76%
1.20	匹诺曹变成了真正的男孩	27	26%

问题解析 1.1　盖比特的家

　　根据题目给出的数据，盖比特还需要完成 12 个木头玩具。未完成的蓝色玩具数量的最小值取决于未完成的绿色玩具数量的最大值。后者的最大值为 9，则至少有 3 个蓝色的木头玩具是未完成的。

[答案：3]

问题解析 1.2　匹诺曹

　　第一种解法：设匹诺曹的胳膊和腿的长度分别为 x 和 y，根据给出的数据可得 $x + y = 96\,\mathrm{cm}$，且 $x : y = 5 : 7$。

　　根据合比性质可得 $(x + y) : x = (5 + 7) : 5$，即 $96 : x = 12 : 5$，则 $x = 40\,\mathrm{cm}$，$y = 56\,\mathrm{cm}$。两个值从小到大排序可得 40，56。

　　第二种解法：若胳膊和腿的值的比例为 5 : 7，那么可以将两个值之和分为 12 个部分，其中 5 个部分是胳膊的长度，7 个部分是腿的长度。因此，手臂的长度是 96 的 $\dfrac{5}{12}$，即 40 cm。通过差值可得，腿的长度为 $96 - 40 = 56\,\mathrm{cm}$。

[答案：40，56]

问题解析 1.3　许愿星

　　许愿星由 12 个边长为 10 的等边三角形构成，因此面积计算为：

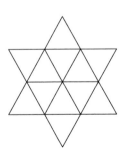

$$S = 12 \times \frac{\text{边长} \times \text{边长}\sqrt{3}}{4} = 12 \times \frac{1}{2} \times 10 \times 10 \times$$

$$\frac{\sqrt{3}}{2} = 300 \times \sqrt{3} \approx 300 \times 1.73 = 519。$$

[答案：519]

问题解析1.4 蓝仙女

分数 $\frac{20}{13}$ 可以得到循环小数 $1.\dot{5}3846\dot{1}$，每6个数字为一组循环，因此小数点后的第2010个位置是1（因为 $2013 \div 6 = 335\cdots3$）。因此小数点后的第2013的位置将被循环节的第3个数字占据，即8。

[答案：8]

问题解析1.5 匹诺曹的良心

设 $\overline{ab}$ 是题目所求的二位数，十位数 a 可以从1至9取值，个位数 b 可以从0至9取值。如果一个数是奇数，另一个数是偶数，那么两数之差是奇数。这需要个位数和十位数对调后是一个奇数和一个偶数（比如45是奇数，54是偶数）。由此可得，如果 $a = 1$，3，5，7或9，b 只能等于0，2，4，6或8，合计 $5 \times 5 = 25$ 个；如果 $a = 2$，4，6或8，b 只能等于1，3，5或7，合计 $4 \times 5 = 20$ 个。总计 $20 + 25 = 45$ 个。

[答案：45]

$\overline{ab}$ 是一个二位数，而不是 $a \times b$。——译者注

问题解析1.6 匹诺曹去上学

直角三角形斜边上的中线等于斜边的一半（直角三角形的内接半圆的直径等于斜边长），因此 $AC = 2BM = 60\,\text{m}$。三角形 AMB 是

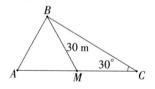

等边三角形（每个角都是60°），所以 $AB = 30\,\text{m}$；且 $BC = AC \times \frac{\sqrt{3}}{2} = 30 \times \sqrt{3} \approx 51.9$。因此三角形的周长等于 $AB + BC + CA \approx 60 + 30 + 51.9 = 141.9$。

[答案：141.9]

问题解析 1.7　狐狸和猫

根据题意，设符合要求的回文数为 $\overline{abcba}$，其中 $a \neq 0$，各位数之和是 6。明显可知，a 的值只能是 1，2 或 3。另外 c 只能是偶数，因为它左右两边的数都重复。我们来看看不同的可能性：若 $a = 1$，那符合条件的数值是 10401，11211，12021；若 $a = 2$，符合条件的数值是 20202 和 21012；若 $a = 3$，符合条件的数值只有 30003。一共 6 个数。

[答案：6]

问题解析 1.8　吃火人的表演

设分数 $\dfrac{a}{b}$ 验证题目给出的条件，且 $a \neq 0$。则 $\dfrac{a+b}{b+b} = 3\dfrac{a}{b}$，即 $\dfrac{a+b}{2b} = 3\dfrac{a}{b}$。使两个分数分母相同，可得 $\dfrac{a+b}{2b} = \dfrac{6a}{2b}$。因为两个分数相等，其分母也相等，则分子也相等，即 $a + b = 6a$，则 $b = 5a$，即分母是分子的 5 倍，该分数的最简分数是 $\dfrac{1}{5}$。则所求的值 $n = 300 \times \dfrac{1}{5} = 60$。

[答案：60]

问题解析 1.9　被吃火人抓走的匹诺曹

观察可知，首先只取 10 分钱和 20 分钱的硬币，可能得到：

- 50 分钱：3 种方法（5 × 0.10 | 3 × 0.10 + 1 × 0.20 | 1 × 0.10 + 2 × 0.20）

- 1 元：6 种方法（10 × 0.10 | 8 × 0.10 + 1 × 0.20 | 6 × 0.10 + 2 × 0.20 | 4 × 0.10 + 3 × 0.20 | 2 × 0.10 + 4 × 0.20 | 5 × 0.20）

- 1.5 元：5 种方法（1 × 0.10 + 5 × 0.20 | 3 × 0.10 + 6 × 0.20 | 5 ×

0.10 + 5 × 0.20|7 × 0.10 + 4 × 0.20|9 × 0.10 + 3 × 0.20)

- 2 元：6 种方法 (10 × 0.10 + 5 × 0.20|8 × 0.10 + 6 × 0.20|6 × 0.10 + 7 × 0.20|4 × 0.10 + 8 × 0.20|2 × 0.10 + 9 × 0.20|10 × 0.20)

- 2.5 元：3 种方法 (9 × 0.10 + 8 × 0.20|7 × 0.10 + 9 × 0.20|5 × 0.10 + 10 × 0.20)

因此，以下可得到共获取 3 元硬币的所有方法：

1 元硬币数量	50 分硬币数量	离用 10/20 分硬币凑够 3 元还需要的金额	方法数量
3	0	0	1
2	2	0	1
1	4	0	1
2	1	50 分	3
1	3	50 分	3
1	2	1	6
1	1	1.5 元	5
2	0	1	6
1	0	2	6
0	6	0	1
0	5	50 分	3
0	4	1	6
0	3	1.5 元	5
0	2	2	6
0	1	2.5 元	3
0	0	3	1

共计 57 种方法。

[答案：57]

问题解析 1.10　盖比特寻找匹诺曹

设从盖比特与马车相遇 t 小时后，两者的直线距离是 $39\,km$。t 小时后，盖比特经过的路程等于 $5t\,km$（速度和时间的乘积），马车经过的路程等于 $12t\,km$。根据勾股定理可得 $(5t)^2 + (12t)^2 = 39^2$，即 $169t^2 = 39^2$，$t^2 = \dfrac{39^2}{13^2} = 3^2 = 9$。则 $t = 3$ 小时，即 180 分钟。

[答案：180]

问题解析 1.11　谎话连篇

设 l 是匹诺曹鼻子最初的长度。每说一个谎话，鼻子就会比原来的长 20%，因此，第四个谎言后，匹诺曹鼻子的长度为 $l \times \left(1 + \dfrac{20}{100}\right)^4 = l \times \left(\dfrac{6}{5}\right)^4 = 2.0736l$。因此，鼻子的长度增加了 $1.0736l$，即比原始长度增加了约 107%。

[答案：107%]

问题解析 1.12　匹诺曹回家

第一种解法：小蟋蟀上到第 8 级台阶前的最后一跳，必然从第 6 或第 7 级台阶起跳。因此，上到第 8 级台阶的方法数量，等于跳上第 6 级台阶的方法数量和跳上第 7 级台阶的方法数量之和。攀登至第 n 级台阶的方法数是等于攀登第 $(n-1)$ 级和第 $(n-2)$ 级台阶的方法数之和。我们从上升一个和两个台阶的方式开始，加在一起就可以得到：

1 阶：1 种方法；2 阶：2 种方法

3 阶：3 种方法（1 + 2）；4 阶：5 种方法（2+3）

5阶：8种方法（3 + 5）；6阶：13种方法（5+8）

7阶：21种方法（8 + 13）；8阶：34种方法（21+13）

遵循的是斐波那契数列的规律：（1），1，2，3，5，8，13，21，34，…其中每项（除前两项外）都是前两个的总和。

第二种解法：根据每次跳跃的上升的台阶数来计算所有可能性。

- 每次跳跃只上升1级台阶，只有1种方法。

- 有1次跳2级台阶，6次跳1级台阶，则有7种可能性，因为跳2级台阶的那一次可以有7种可能性。

- 有2次跳2级台阶，4次跳1级台阶，则有15种可能性。为了更直观地展现，我们可以将其看作"221111"这个词的变位词数。

- 有3次跳2级台阶，2次跳1级台阶，从22211的变体数可知，有10种可能性。

- 最后是有4次跳2级台阶，只有1种可能性。

一共有1 + 7 + 15 + 10 + 1 = 34种可能性。

[答案：34]

问题解析1.13 奸诈的马车夫

如图所示，根据问题的数据可以得出四个国家的位置分布有两种

可能性。在这两种情况中，他们可能途经的最长的路径都是：当B是玩乐国时，狐狸和猫从A出发，前往C，再反向去往D，最后到达B。结论是，他们最多需要走的路程为$\overline{AC} + \overline{CD} + \overline{DB} = 2 + 14 + 25 = 41$ km。

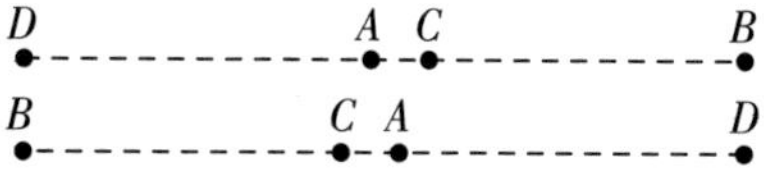

[答案：41]

问题解析1.14　匹诺曹再遇不测

第一种解法：设 P 是车夫的年龄。根据题意可得 $P = 4k = 17h + 16$，由此可得 $17h = 4(k - 4)$。则 17 是 $4(k - 4)$ 的一个除数，且已知 $P < 100$，$k = 21$。因此，车夫的年龄是 84。

第二种解法：将 16 与 17 的倍数相加，且不超过 100，得到的数字并不多，让我们把它们都写下来。第一个是 $17 \times 1 + 16 = 33$，其余还有 50，67，84。只有最后一个是 4 的倍数。

[答案：84]

问题解析1.15　玩乐国

我们用 S 表示老实人，B 表示说谎精。根据题意可知，大桌边上至少坐着一个老实孩子，则他身边坐着一个老实人和一个说谎精，他们按 SSB 的顺序就座。那在 B 的右边必须是一个 S（否则 B 就不是个说谎精），且在 S 的左边必须是一个 B。因此它们是按照 BSSBS 的顺序排座。以此类推，得到 BSSBSSBSSBSSB 这样的循环，即每 3 个小孩子里有 1 个说谎精。因此老实人占总人数的 $\frac{2}{3}$，即 68。

[答案：68]

问题解析1.16　好多驴

我们观察到，如果击中 9 分和 6 分区域，则总分为大于或等于 6 的或 3 的任意倍数。且无论以何种方式，都不能得 29 分，下面我们将证明总分可以是大于或等于 30 的任何数。设获得 n 分。若 n 是 3 的倍数，则 n 可按上述方法获得。若 $n = 3h + 1$，即 n 除以 3 得到余数 1，n 减去 13 后得到3的倍数，即击中1次13分，其余击中6分和/或9分。

若 $n = 3k + 2$，即 n 除以3后余数为2，n 减去26后得到3的倍数，即击中2次13分，其余击中6分或9分。

另一种证明29是不可能得到的最高总分的方法：注意以下6个分数都可能得到（$30 = 5 \times 6$，$31 = 3 \times 6 + 13$，$32 = 6 + 2 \times 13$，$33 = 4 \times 6 + 9$，$34 = 2 \times 6 + 9 + 13$，$35 = 9 + 13 \times 2$）。之后的数字都可以通过在其中一个数字上加6来获得，以此类推。

[答案：29]

问题解析1.17　寻找盖比特

经观察可得 $\dfrac{40!}{(40! + 39!)} = \dfrac{40 \times 39!}{39! \times (40 + 1)} = \dfrac{40}{41}$，因此分母和分子的差值为1。

数列的首项是1，之后每加一个奇数得到下一项，第 n 项是由 $n - 1$ 个奇数相加得到的，则第 n 项为 $(n - 1)^2 + 1$，当 $n = 20$，$n = 19^2 + 1 = 362$。

[答案：1，362]

问题解析1.18　在鲸鱼肚子里

通过调换排列TONNI的字母顺序，可以得到这个单词的变位词，则有 5! = 120 种排列顺序。这个单词里有2个相同的单词N，二者调换且剩下3个字母保持不变，得到的变位词相同，因此所有的排列组合里有一半是相同的。因此所有不同的变位词有60个。

[答案：60]

问题解析1.19 逃回家

经观察可得，正方形内的四个三角形都是斜边为40cm的等腰三角形。四个三角形的面积之和相当于两个对角线为40cm的正方形的面积，则（记住，正方形是特殊的菱形）等于 $2 \times \dfrac{40 \times 40}{2} = 1600 \, \text{cm}^2$，因此，该符号的面积为 $S(大正方形) - 4 \times S(小正方形) - 4 \times S(小三角形) = 60^2 - 1600 - 400 = 1600 \, \text{cm}^2$。

[答案：1600]

问题解析1.20 匹诺曹变成了真正的男孩

经观察可得，在 $n!$ 的因数分解里，出现了因数23，但没有因数29，则 $23 \le n \le 28$。因数13的指数是2，则 $26 \le n \le 28$。因数7的指数是3，则 $n \ne 28$。从因数3很容易得出 $n = 27$ 的结论。（此处用到阶乘的因数分解相关知识。——译者注）

[答案：27]

10.2　头脑特工队

问题解析

问题解析2.1　第一段有关数学的快乐回忆

遵循运算的顺序，第一个括号内，我们计算出 $4^2 = 16$，第二个括号内我们将 8 写作 2^3。因此根据乘方的定理可得 $(2^{4^2})^2 : (8^4)^2 = (2^{16})^2 : ((2^3)^4)^2 = 2^{32} : 2^{24} = 2^8 = 256$。

［答案：256］

问题解析2.2　第一段有关数学的伤心回忆

我们将每个括号内的分数相加，然后我们观察到除了最后一个分子，每个分子都被以下分母简化了：$\left(\dfrac{1+1}{1}\right) \times \left(\dfrac{2+1}{2}\right) \times \left(\dfrac{3+1}{3}\right) \cdots \left(\dfrac{2015+1}{2015}\right) =$

$\dfrac{\cancel{2}}{1} \cdot \dfrac{\cancel{3}}{\cancel{2}} \cdot \dfrac{\cancel{4}}{\cancel{3}} \cdots \dfrac{\cancel{2015}}{\cancel{2014}} \cdot \dfrac{2016}{\cancel{2015}} = 2016$。

［答案：2016］

问题解析2.3　核心记忆

根据题目给出的数据，莱利的走过的路径如图所示。从出发点到射门的位置这段路径，是边长等于 $8 + 10 + 6 = 24$ 和边长等于 $9 - 2 = 7$ 的直角三角形的斜边。

已知勾股数 7，24，25，可得斜边长为 25 m。（或者通过 $\sqrt{24^2 + 7^2} = \sqrt{625} = 25\,\text{m}$ 计算斜边长度）

［答案：25］

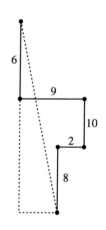

问题解析2.4　家人岛

蛋糕被分成的份数为 $4 \times 4 \times 3 = 48$。

［答案：48］

问题解析2.5　骤然醒悟

设所求的数为 $abcd$，根据题意可得：$b = 3a$，$c = a + b$，$d = 3b$。注意第一个和最后一个等式，可立即得出 $d = 3b = 3 \times 3a = 9a$。因 d 的值不可能大于9，则有 $d = 9$，$a = 1$，$b = 3$，$c = 4$。则题目求的数为1349。

[答案：1349]

问题解析2.6　新房子

设房子的长为 x，宽为 y。观察中间的两个长方形和两边各3个长方形可知，$2x = 3y$，即 $x = \dfrac{3}{2}y$。街区的周长等于 $4x + 8y$，等

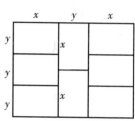

于 140 m，则 $4 \times \dfrac{3}{2}y + 8y = 140$，$14y = 140$。因此 $y = 10\,\text{m}$，$x = 15\,\text{m}$。所求的面积等于 $x \cdot y = 15 \times 10 = 150\,\text{m}^2$。

[答案：150]

问题解析2.7　莱利的房间

第一种解法：在纸上将图片画满与深色方块相等的正方形。有3个正方形面积等于深色方块的4倍，1个正方形面积等于深色方块的9倍，2个正方形面积等于深色方块的16倍，1个正方形面积等于深色方块的25倍，最后，还有一个正方形面积等于深色方块的81倍。

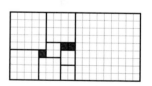

则总面积等于深色方块的 $3 \times 1 + 3 \times 4 + 9 + 2 \times 16 + 25 + 81 = 162$ 倍，即 $162 \times 40^2 = 259200\,\text{cm}^2 = 2592\,\text{dm}^2$。

第二种解法：如图所示，从深色方块旁的正方形开始，依次写下其他正方形的边长。

通过这种方法可以发现长方形的两条边上分别是360和720。则长方形的面积等于 $360 \times 720 = 259200\,\mathrm{cm}^2 = 2592\,\mathrm{dm}^2$。

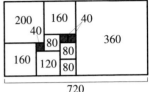

[答案：2592]

问题解析2.8 忧忧触碰了记忆

将底数化解成最小因数，并根据幂的性质可得：

$$20^{50} \times 50^{20} = (2^2 \times 5)^{50} \times (2 \times 5^2)^{20} = 2^{100} \times 5^{50} \times 2^{20} \times 5^{40} = 2^{120} \times 5^{90}$$

由于1个2与1个5的相乘可得10（即乘积的尾数有1个0），5的次方比2的少，因此乘积的结尾有90个0。

[答案：90]

问题解析2.9 上学第一天

最快速的解法就是在图中画出占据最多方块的 6×6 的正方形（因为一共有36个方块）。如图所示，最多能占据27个方块，还剩9个方块。

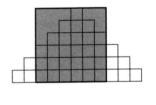

[答案：9]

问题解析2.10 大难题

第一种解法：将分数重写成整数部分和小数部分：$\dfrac{54}{13} = 4 + \dfrac{2}{13}$。

将小数部分的分子变成1可得

好玩数学

$$\frac{54}{13} = 4 + \frac{2}{13} = 4 + \frac{1}{\dfrac{13}{2}} = 4 + \cfrac{1}{6 + \dfrac{1}{2}}。$$

因此 $x = 4$，$y = 6$，$z = 2$，则 $x + y + z = 4 + 6 + 2 = 12$。

第二种解法：将等式右边的部分重写成一个完整的小数

$$x + \cfrac{1}{y + \dfrac{1}{z}} = x + \cfrac{1}{\dfrac{zy + 1}{z}} = x + \frac{z}{zy + 1} = \frac{xyz + x}{zy + 1}。$$

因分母 $zy + 1 = 13$，则 $zy = 12$。因 x，y 和 z 都必须是整数，分子的值为 54，则有以下几种可能性。

· $y = 2$，$z = 6$，则 $xyz + x + z = 12x + x + 6 = 54$，可得 $13x = 48$，x 非整数；

· $y = 3$，$z = 4$，则 $xyz + x + z = 12x + x + 6 = 54$，可得 $13x = 50$，x 非整数；

· $y = 4$，$z = 3$，则 $xyz + x + z = 12x + x + 6 = 54$，可得 $13x = 41$，x 非整数；

· $y = 6$，$z = 2$，则 $xyz + x + z = 12x + x + 6 = 54$，可得 $13x = 52$，$x = 4$。

因此答案为 $x + y + z = 4 + 6 + 2 = 12$。

[答案：12]

问题解析 2.11 爸爸生气了

将 5000 分解为质因数，我们得到 $2^3 \times 5^4$。简化 $2^3 \times 5^4 \times \dfrac{2^x}{5^x}$，为了使分母约分后为 1，$x$ 可取 1，2，3 和 4。

不要忘了0。

还有负数-1，-2和-3，分母便成了2^x，当指数为-4时，分母不会被约分得1。一共有8个值。

［答案：8］

问题解析2.12　与此同时

由于每个架子必须存放10800个球，而且每层必须有相同数量的球，则架子的层数与每层存放球数量的乘积必然是10 800，所以只需要计算10800的所有非平凡除数①。这些除数不包括1（因为架子不能只有1层装完10800个记忆球），也不能是10800（因为架子不能有10800层，每层只装1个球）。

因$10800 = 2^4 \times 3^3 \times 5^2$，10800的除数的数量为

$$(4 + 1) \times (3 + 1) \times (2 + 1) = 60。$$

去掉1和10800，还剩58个。

［答案：58］

问题解析2.13　兵兵

将◊用常规的数学符号代替重写运算可得

$$(x \diamond x) \diamond 2 = \left(\frac{1}{x} + \frac{1}{x}\right) \diamond 2$$

$$= \frac{2}{x} \diamond 2 = \frac{1}{\dfrac{2}{x}} + \frac{1}{2} = \frac{x}{2} + \frac{1}{2}$$

---

① 1，-1，n和$-n$被称为n的平凡约数。不是平凡除数的n的除数称为非平凡除数。——译者注

等式变为 $\dfrac{x}{2} + \dfrac{1}{2} = 100$，解为 $x = 199$。

[答案：199]

问题解析2.14　造梦影城

多边形有 n 个边，其内角和等于 $180^{\circ} \cdot (n - 2)$。因此十二边形的内角和为 1800°。因此正十二边形的内角 α 的大小等于 $1800 \div 12 = 150$。

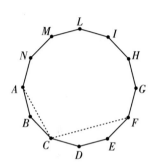

参考示意图，可以通过 α 减去 $\angle BCA$ 和 $\angle DCF$ 计算出 $\angle ACF$ 的大小。前者为一个顶角为 α 的等腰三角形的底角，因此可得

$$\angle BCA = \frac{180^{\circ} - 150^{\circ}}{2} = 15^{\circ}。$$

第二个角为含有两个相同钝角 α 的等腰梯形的底角，因此可得

$$\angle DCF = \frac{360^{\circ} - 2 \times 150^{\circ}}{2} = 30^{\circ}。$$

最后 $\angle ACF = 150^{\circ} - 15^{\circ} - 30^{\circ} = 105^{\circ}$。

[答案：105°]

问题解析2.15　应急点子

根据题意的规律，填写表格。

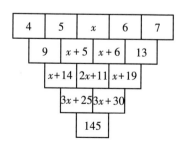

可 得 $3x + 25 + 3x + 30 = 145$，则 $6x = 90$，$x = 15$。

[答案：15]

问题解析2.16　越来越糟

可以耐心地从左上角开始填写整个表格，还需考虑到负数。但有一个更好的方法。

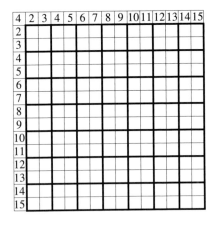

观察表格，其中的部分 2×2 的方格被突出显示，显而易见有更好的策略计算出结果，不必逐一计算各个单元格的所有数值。实际上，只需要计算第一行和第一列的数值之和（注意不要算两遍数值1），再加上数值4900（从 49×100 得来，因为有49个 2×2 的数值之和为100的方格）。所求的数值为

$$2 \times (1 + 2 + 3 + \cdots + 15) - 1 + 4900 = 2 \times \frac{15 \times 16}{2} - 1 + 4900 = 5139。$$

［答案：5139］

问题解析2.17　飞出深渊

计算最大的直角三角形的两个直角边长为 $AH = 40 + 60 + 100 = 200$，$HI = 100$。因此较短的直角边的边长是较长的一半。

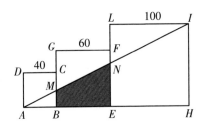

通过观察可知三角形 ABM，AEN 和 AHI 是相似三角形，因此这几个三角形的边长之比一样。则可得

$$BM = \frac{1}{2}AB = 20, EN = \frac{1}{2}AE = \frac{1}{2}(40 + 60) = 50。$$

因此梯形 *BENM* 的面积为

$$A_{梯形BENM} = \frac{(BM + EN) \cdot BE}{2} = \frac{(20 + 50) \cdot 60}{2} = 2100。$$

[答案：2100]

问题解析2.18　返回情绪总部

计算1到150之间的所有数值之和：$1 + 2 + \cdots + 150 = \frac{150 \times 151}{2} =$ 11325。小于150，且为7的倍数的最大自然数为 $147 = 21 \times 7$。所有小于或等于147的7的倍数之和等于

$$7 + 14 + 21 + \cdots + 147 = 7 \times \frac{21 \times 22}{2} = 1617。$$

所求的值为 $11325 - 1617 = 9708$。

[答案：9708]

问题解析2.19　忧伤的记忆

连接半圆与圆周交接的6个点，可以绘制出一个六边形。连接六个顶点可以将六边形分成6个等边三角形。这些三角形的边长等于半径（如图所示），即 10 cm，高等于 $l \cdot \frac{\sqrt{3}}{2}$。

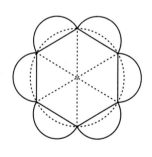

所求的面积等于六边形的面积（6个三角形），加上6个相邻的半圆形面积，这六个半圆的直径为 10 cm，则半径为 5 cm。

$$A = A_{六边形} + A_{半圆}$$

$$= 6 \times \frac{b \cdot h}{2} + 6 \times \frac{\pi \cdot 6^2}{2}$$

$$= 6 \times 10 \times 10 \times \frac{\sqrt{3}}{2} \times \frac{1}{2} + 6 \times \frac{\pi \cdot 5^2}{2}$$

$$= 150\sqrt{3} + 75\pi \approx 495.42 \text{ cm}^2。$$

[答案：495]

问题解析2.20 控制台

第一种解法：我们可以反向解题。求一个符合条件的最小三位数，其三个位数的值都是不同的奇数，乘以4后得到的数值是一个各个位数上是不同偶数的三位数。设符合这个条件的值为 $\overline{abc}$，则 $\overline{abc} = 100a + 10b + c$。将其乘以4可得 $400a + 40b + 4c$。于是能立即得出 $a = 1$，因为若 $a = 3$ 或 $a > 3$，乘以4后会得到一个四位数。

若想要 $400a + 40b + 4c$ 的位数的值都是偶数，需要 $40b$ 和 $4c$ 的进位是偶数，则可以排除3（$4 \times 3 = 12$）和9（$4 \times 9 = 36$）。5和7乘以4后则会得到偶数的进位。符合条件的最小数为157，乘以4后变成628。

第二种解法：从符合三个位数都是不同奇数的最小三位数开始逐一检验。最小的是135，但其乘以4后得到540，有2个位数的值是偶数，因为 4×3 得到的进位是奇数。因此，同理可得137和139不符合条件。

我们可以把5当作十位数的值。排除3作为位数上的数值，因为其得到的进位是奇数，但可以使用7作为位数的数值，即 $157 \times 4 = 628$。

[答案：628]

好玩数学

10.3 小王子

问题解析

3.1	旅途中的飞行员	312	30%
3.2	箱子里的绵羊	15	82%
3.3	小行星上的火山	3	82%
3.4	好多日出	43	57%
3.5	猴面包树的种子	10	53%
3.6	有很多花瓣的玫瑰花	5329	63%
3.7	最后一次爆发	1405	20%
3.8	国王的第一个问题	108	4%
3.9	国王的第二个问题	106	12%
3.10	虚荣的人	2022	19%
3.11	虚荣的人的运算	365	14%
3.12	爱喝酒的人	2184	31%
3.13	爱喝酒的人意犹未尽	340	28%
3.14	做生意的人	344	48%
3.15	做生意的人的运算	65	27%
3.16	神秘的乘法	330	54%
3.17	掌灯的人	1243	43%
3.18	地理学家	10	46%
3.19	带锁的书	17	21%
3.20	书的内容	519	18%

问题解析3.1　旅途中的飞行员

第一种解法：表面上看，从A地飞往B地，时间过了10小时12分钟，而从B地飞往A地，时间过了12分钟。而实际上，两趟旅程所需要的时间相同，则两地的时差为5小时。一趟旅程所耗费的时间是5小时12分钟，即312分钟。

第二种解法：在4:15时，飞行员从A地出发，在17：08时返回至A地。因此离开A地的时间一共是12小时53分钟。减去在B地停留的2小时29分钟，我们可以得到两趟旅程一共耗费了10小时24分钟，则其中一趟（来回是一样的）所耗费的时间是5小时12分钟，即312分钟。

[答案：312]

问题解析3.2　箱子里的绵羊

当E和AB在一条直线上，三角形BDE是直角三角形，其中B点是直角的顶点。且$DE = AB = 113\,\text{cm}$。根据勾股定理可得，在三角形BDE中，$BE^2 = 113^2 - 112^2 = 225 = 15^2$，则可得$BE = 15\,\text{cm}$。

[答案：15]

问题解析3.3　小行星上的火山

我们从39开始往回运算。如果将其平方，可得1521，然后减去65，得到1456。除以2，再加1，得到729。因为$729 = 3^6$，所以答案是3。

我们也可以设x为未知数并建方程，但所需的运算过程几乎相同。

[答案：3]

　　　　　　　　　　　　　　　　好玩数学

问题解析3.4 好多日出

小行星每完成一次自转，小王子就能在小行星上看一次日出。地球的一天有 $24 \times 60 \times 60 = 86400$ 秒，小王子完成自转需要 $33 \times 60 + 7 = 1987$ 秒。因 $86400 \div 1987 = 43 \cdots 959$，用地球一天的时间，小行星最多完成43次自转。

[答案：43]

问题解析3.5 猴面包树的种子

为方便起见，我们将所有测量值除以10。因此，每棵灌木占据 $1\,m^2$ 的空间，而且每天都在生长，多占据了 $1\,m^2$。小行星的表面积变为 $50\,m^2$。问题的答案显然不会改变。

今天，第一颗种子落在小行星上。一日之内，第一颗种子（已成为灌木）将占据 $1\,m^2$ 的空间，第二颗种子将落下。两天后，第一颗种子将占据 $2\,m^2$ 的空间，第二颗占据 $1\,m^2$ 的空间，第三颗种子将落下。因此，占用的面积将达到 $(2 + 1)\,m^2$。在第三天，第一颗种子将占据 $3\,m^2$ 的空间，第二颗占据 $2\,m^2$ 的空间，第三颗占据 $1\,m^2$ 的空间，第四颗种子将落下。因此，占用的面积将达到 $(3 + 2 + 1)\,m^2$。

依次推理，第 n 天，占用的面积将达到 $(1 + 2 + 3 + \cdots + n)\,m^2$。问题变成，求出 n 的最小值，使这个和超过50。$n = 9$ 时，这个和是45，$n = 10$ 时，这个和是55。

[答案：10]

问题解析3.6 有很多花瓣的玫瑰花

一个数的平方必然以0，1，4，5，6和9中的一个数字结尾。排除了不以上述数字结尾的数字2367和7202后，我们对剩下的数字逐一检验试错。如果你不想完全随机地去检验，你可以使用后面附录A.5中描述的技巧。根据建议，可以猜测1435的平方根是35（但是$35^2 = 1225$，因必须以5结尾，则下一个检验的平方根是45，但是45的平方以16开头），可以猜测3739的平方根是63或69（但是$63^2 = 3969$，67的平方就更大了），如此检验，依此类推，最后可以发现这些数字中的唯一平方是$5329 = 73^2$。

[答案：5329]

问题解析3.7　最后一次爆发

我们希望这个数是符合条件的最小值，则我们可以选择$A = 1$，并验证符合$1 + 2C + 3D = 4B$的$1BCD$值是否存在。

经观察可得，B不可能等于0（因为这样的话A，C和D的值也必须是0，无法构成四位数）。B也不可能等于1（若使B为1，则等式前面部分等于4）。可以设$A = 1$，$C = 0$和$D = 1$，但四个位数上的数各不相同，或者$A = 0$，$C = 2$，$D = 0$，但这样只能构成三位数。

设$B = 2$，则$2C + 3D = 7$。很容易验证出无解。（答案$C = 2$，$D = 1$不符合问题的条件）。

设$B = 3$，则$2C + 3D = 11$。D必须是一个奇数，但1和3都不成立。

设$B = 4$，则$2C + 3D = 15$，有以下几种情况：（$C = 0$；$D = 5$），（$C = 3$；$D = 3$）不符合题意，（$C = 6$；$D = 1$）不符合题意。故题目所求的数字为1405。

[答案：1405]

　　　　　　　　　　　　　　　　　好玩数学

问题解析3.8　国王的第一个问题

这些条件可以用以下更简便的方法表达：数字1后面不能有数字3，数字2后面不能有数字4，数字3后面不能有数字1，数字4后面不能有数字2。因此这几个数的后面都有一个不能接的数字。组成一个一位数，有4种可能性。组成一个两位数，有4×3种可能性，因为一旦选了第一个数字（4种可能性），第二个数字就只剩下3种可能性了。同样地，组成一个三位数有4×3×3种可能，组成一个四位数有4×3×3×3种可能性。一共是108个。

[答案：108]

问题解析3.9　国王的第二个问题

第一种解法：建立一个表格，从$A(A \neq 0)$和B开头，每个方格内填写$A^2 + B^2 + 10$的个位数上的值。例如，对于数字25，$2^2 + 5^2 + 10 = 4 + 25 + 10 = 39$，因此在第2行、第5列填写9。填完表格后，圈出数字与B相同的单元格。这些方格内相应地是候选的数字。

A\B	0	1	2	3	4	5	6	7	8	9
1	1	2	3	0	7	6	7	0	5	2
2	4	5	8	③	0	9	0	3	⑧	5
3	9	0	3	8	5	4	5	8	3	0
4	6	7	0	5	2	1	2	5	0	7
5	5	6	9	4	1	0	1	4	9	6
6	6	7	0	5	2	1	2	5	0	7
7	9	0	3	8	5	4	5	8	3	0
8	4	5	8	③	0	9	0	3	⑧	5
9	1	2	3	0	7	6	7	0	5	2

我们需要检验23，28，83和88这四个数字。检验正确的只有23和83。

第二种解法：我们逐一分析十位数上的数字。先设 $A = 9$，因为 $A^2 + B^2 + 10 = 90 + B$，无答案。

设 $A = 8$，则有 $B^2 - B - 6 = 0$，为了使 $\overline{AB}$ 的十位数的数字是8，B 的值只能为3。且83符合题意。

设 $A = 7$，则有 $B^2 - B - 19 = 0$，无解。

以此方法，依次类推，可以得到23也符合题意，两个符合题目条件的数字之和为106。

[答案：106]

问题解析3.10 虚荣的人

观察下列等式：

$$88 \times 8 + 6 = 710$$

$$888 \times 8 + 6 = 7110$$

$$8888 \times 8 + 6 = 71110$$

如果数字8在第一个因子中重复了2016次，则答数是数字7，接着2015个1，并以1个0结尾。因此答数的位数之和为 $7 + 2015 \times 1 + 0 = 2 = 2022$。

[答案：2022]

问题解析3.11 虚荣的人的运算

我们想要 a 无论是什么数，都符合 $a \odot b = a$。若 a，b 都是偶数，那么 $a = a \odot b = a + b - 123$，$b = 123$，不符合题意，因为 b 应该是偶数。

好玩数学

如果 a，b 中有一个是奇数，那么 $a = a \odot b = a + b - 365$，$b = 365$，符合题目的条件，可以使 a 无论是什么数，都符合 $a \odot b = a$。

[答案：365]

问题解析3.12 爱喝酒的人

在每场比赛中，两位选手共获得4分（1 + 3，2 + 2 或 3 + 1）。在 800 场比赛之后，二人获得的总分是 $800 \times 4 = 3200$。爱喝酒的人得了 1016 分，则小王子的得分是 $3200 - 1016 = 2184$。

[答案：2184]

问题解析3.13 爱喝酒的人意犹未尽

如果小王子总是赢，他的得分将是 3 的倍数。3 的最大倍数小于 1016 的是 $338 \times 3 = 1014$。缺少的两分对应地是一场平局。在这种情况下，爱喝酒的人得了 $338 + 2 = 340$ 分，这是他最少能获得的分数。

[答案：340]

问题解析3.14 做生意的人

题目所求的面积等于正方形减去内切圆的部分的面积（如图所示）。由于星星的周长等于圆的周长 $C = 2\pi r = 40\pi$，那么 $r = 20$ m。

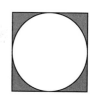

题目所求的面积为 $A = 4r^2 - \pi r^2 = 1600 - 400\pi \approx 344$ m²。

[答案：344]

问题解析3.15 做生意的人的运算

利用乘方的性质可得

$$\frac{14^{21}}{21^{14}} = \frac{7^{21} \cdot 2^{21}}{7^{14} \cdot 3^{14}} = \frac{7^7 \cdot 2^{21}}{3^{14}}$$

$$= \left(\frac{7 \cdot 2^3}{3^2}\right)^7 = \left(\frac{56}{9}\right)^7$$

则可得 $a + b = 56 + 9 = 65$。

[答案：65]

问题解析3.16　神秘的乘法

设 AB 和 CD 是乘积的两个因数，按它们出现的顺序排列。那么 $AB \cdot C$，以及 $AB \cdot D$ 一定是#*的形式。则 CD 可以取 11，这种情况下 AB 可以为 31，32，61 或 62。或者 CD 可以取 12，21 或 22，这种情况下 AB 只能为 31。

因此我们需要计算以下乘积：

$$31 \cdot 11 = 34132 \cdot 11 = 35261 \cdot 11 = 67162 \cdot 11 = 682$$

$$31 \cdot 12 = 37231 \cdot 21 = 65131 \cdot 12 = 682$$

除去含有数字8的结果，最大值是671，而最小值是341，二者差值是330。

[答案：330]

问题解析3.17　掌灯的人

我们将文中出现的三段陈述依次称为 Ⅰ，Ⅱ 和 Ⅲ。已知有两个陈述是正确的，一个是错误的。为了方便，我们将 A，B，C，D 所连接的灯泡依次命名为 a，b，c 和 d。假设陈述 Ⅰ 是正确的，无论 b 和 d 是多少，都有 $1 = a < d$ 且 $b < c = 4$，则陈述 Ⅲ 也正确。符合上述条件的一共有 2 种答案：1342 和 1243，但因为陈述 Ⅱ 是错误的，则答案为 1243。

假设陈述 I 是错误的，另外两个是正确的。陈述 II 特意指出 $b = 3$，$d = 2$。因陈述 I 是错误的，则有 $a = 4$，$b = 1$。则陈述 III 也是错误的。这前后矛盾，所以不存在其他答案。

特别值得注意的是，1342 这个答案符合三种陈述，因此它不是我们要求的解。

[答案：1243]

问题解析 3.18　地理学家

骰子的点数总和是 $1 + 2 + 3 + 4 + 5 + 6 = 21$，如果其中三个面的点数总和是 11，那么另外三个面的点数总和一定是 10。

[答案：10]

问题解析 3.19　带锁的书

我们在一个表格中列出了 B，C 和 D 的可能的值。有三种可能的 B，C，D 组合的可能性。至于 A，可以取剩下 6 个数字中的任何一个。因此一共有 $3 \times 6 = 18$ 种组合方式。只有 1 个是正确的密码，则有 17 个是错误的。

B	C	D	
3	9	5	
4	8	6	
5	7	7	不可能，因为 7 重复
6	6	8	不可能，因为 6 重复
7	5	9	
8	4		不可能，因为 $D > 9$
9	3		不可能，因为 $D > 9$

[答案：17]

问题解析 3.20　书的内容

已知 P 点到各个边的距离总和是恒定的，不妨通过在六边形的中心点 P 来计算这个总和。点 P 到边的距

离，等于一个与该六边形边长相同的等边三角形的高，则题目所求的总和等于

$$6 \times 100 \frac{\sqrt{3}}{2} \approx 519\,\text{cm}。$$

不妨想一下，为什么书中的内容是真实的。经观察，在六边形中，任意 P 点到各边的距离之和，等于六边形两条相对的边的距离的3倍。由于正六边形两条相对的边相互平行，则两条边的距离与测量点无关。由此可以类推出一个适用于所有偶数边的正多边形的定理。

[答案：519]

好玩数学

10.4 冰雪奇缘

问题解析

4.1	冰雪之心	78	100%
4.2	我们一起堆雪人吧	500	13%
4.3	地精	11	92%
4.4	魔力增强	1240	63%
4.5	加冕典礼	54	63%
4.6	夏日终结	6400	21%
4.7	山上的宫殿	2150	33%
4.8	克斯托夫和斯特	280	83%
4.9	狼群	143	46%
4.10	雪宝	2500	42%
4.11	在宫殿里	198	54%
4.12	击中心脏	114	33%
4.13	棉花糖	63	25%
4.14	结冰的安娜	111	17%
4.15	下山	110	8%
4.16	露出真面目	101	50%
4.17	汉斯的背叛	203	25%
4.18	奔赴阿伦黛尔	57	33%
4.19	真爱	96	29%
4.20	真爱融化冰雪	7742	4%

问题解析4.1 冰雪之心

利用公式计算1到n的数字之和，可得

$$1 + 2 + 3 + \cdots + 12 = \frac{12 \times 13}{2} = 78。$$

[答案：78]

问题解析4.2 我们一起堆雪人吧

如果每个小雪人的体积都是大雪人的$\frac{1}{8}$，则长度（即高度）之比是$\frac{1}{2}$（因为体积之比等于相似图形的长度之比的立方）。则小雪人的高度为1 m的一半，即500 mm。

[答案：500]

问题解析4.3 地精

可以直接进行运算：

$$\frac{1 + 4 + 4^2 + 4^3 + 4^4}{1 + 2 + 2^2 + 2^3 + 2^4} = \frac{1 + 4 + 16 + 64 + 256}{1 + 2 + 4 + 8 + 16} = \frac{341}{31} = 11。$$

或者利用等比数列求和公式和平方差公式，我们可以减少运算：

$$\frac{1 + 4 + 4^2 + 4^3 + 4^4}{1 + 2 + 2^2 + 2^3 + 2^4} = \frac{\dfrac{4^5 - 1}{4 - 1}}{\dfrac{2^5 - 1}{2 - 1}} = \frac{(2^5 - 1)(2^5 + 1)}{3 \cdot (2^5 - 1)} = \frac{2^5 + 1}{3} = \frac{33}{3} = 11。$$

[答案：11]

问题解析4.4　魔力增强

这个问题涉及自然数1到n的平方之和。使用到的公式是：

$$1^2 + 2^2 + 3^2 + \cdots + n^2 = \frac{n(n+1)(n+2)}{6}。$$

根据题意可得

$$1^2 + 2^2 + 3^2 + \cdots + 15^2 = \frac{15 \times 16 \times 31}{6} = 1240\,\text{kg}。$$

当然，如果不知道这个公式，还可以直接进行运算：

$$1 + 4 + 9 + 16 + 25 + 36 + 49 + 81 + 100 + 121 + 169 + 196 + 225$$

可以得到同样的答案。

[答案：1240]

问题解析4.5　加冕典礼

设所求的数字的形式为$\overline{abc}$，且$a = b + c$。

- 若$a = 1$，有两种可能性：101和110。

- 若$a = 2$，有三种可能性：202，211和220。

- 若$a = 3$，有四种可能性：303，312，321和330。

a的值增加1，可能性就比前一个增加1个。最后，符合题意的数一共有$2 + 3 + 4 + 5 + 6 + 7 + 8 + 9 + 10 = 54$个。

[答案：54]

问题解析4.6　夏日终结

男性一共有$6! = 6 \times 5 \times 4 \times 3 \times 2 \times 1 = 720$种排列方式，女性则有$5! = 120$种排列方式。全部的排列方式等于两个值的乘积$720 \times 120 = 86400$。

另一种解题思路是，第一个先拜访的必然是男性（以保持交替到最后），因此有6种可能性。第二个拜访的肯定是一位女性（有5种可能性）。第三个拜访的是其余5名的另一名男性，以此类推。排列方式一共有 $6 \times 5 \times 5 \times 4 \times 4 \times \cdots \times 2 \times 1 \times 1 = 6400$。

[答案：6400]

问题解析4.7　山上的宫殿

第一种解法：观察图片可得，题目所求的面积等于圆的外切正方形面积减去圆本身的面积（使用近似值 $\pi \approx 3.14$），即

$$A = 100^2 - \pi \cdot 50^2 \approx 10000 - 7850 = 2150。$$

第二种解法：如图所示，经观察图片可得，每一块白色部分，等于四分之一圆减去一个等边三角形的两倍，这一部分的面积为

$$2\left(\frac{\pi \cdot r^2}{4} - \frac{r^2}{2} \right) \approx 2 \cdot (1962.5 - 1250) = 1425。$$

阴影部分的面积等于圆的面积减去上述面积的4倍，即

$$\pi \cdot 50^2 - 4 \times 1425 \approx 7850 - 5700 = 2150。$$

[答案：2150]

问题解析4.8　克斯托夫和斯特

目前冰的售价是

$$p = 1000 \times \frac{80}{100} \times \frac{70}{100} \times \frac{1}{2} = 280 \text{个硬币。}$$

[答案：280]

问题解析4.9 狼群

假设 x 除以4，5和7，都得到余数3，说明 $x-3$ 是4，5，7的倍数。由于4，5，7的最小公倍数为140，所以至少有143只狼。

[答案：143]

问题解析4.10 雪宝

这两个三角形都是半个矩形。第一个矩形的对角线长为100 cm，则对应的三角形的面积等于 $A_1 = \frac{1}{2} \cdot \frac{100 \cdot 100}{2} = 2500 \text{ cm}^2$。第二个矩形的边长为100 cm，则对应的三角形的面积等于 $A_2 = \frac{100 \cdot 100}{2} = 5000 \text{ cm}^2$。差值为2500 cm²。或者可以观察到第二个三角形的面积是第一个三角形的两倍。不需要计算 A_2。

[答案：2500]

问题解析4.11 在宫殿里

很明显，所有的一位数都是回文数，有9个。

两位数中，所有11的倍数都是回文数，有9个。

三位数中，符合题意的数字的类型是 aba，则 a 有9种选择的可能性，b 有10种选择的可能性，共有90个数字。

四位数中，符合题意的数字和三位数的一样多，且数字的类型必须符合 $abba$ 的形式。

一共有 9 + 9 + 90 + 90 = 198 个小于 10000 的回文数。

[答案：198]

问题解析4.12　击中心脏

如图，连接 *EO* 和 *EC*。因为 *BE* 是切线，所以 $\angle BEO = 90°$，则 $\angle BOE = 90° - 42° = 48°$，则 $\angle BAE = \frac{1}{2} \angle BOE = 24°$，因为它们是同一段弧的圆心角和圆周角。

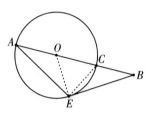

三角形 *BEA* 有两个已知的角。第三个角的度数为 $\angle BEA = 180° - 42° - 24° = 114°$。

[答案：114°]

问题解析4.13　棉花糖

位于两个数值之间一半的数字就是这两个数字的算术平均值，因此

$$\left(\frac{5}{12} + \frac{11}{15} \right) \cdot \frac{1}{2} = \frac{69}{120} = \frac{23}{40}。$$

因此答案为 23 + 40 = 63。

[答案：63]

问题解析4.14　结冰的安娜

这道题等于求所有小于1000的9的倍数，因为在每个因式分解中，两个因子都含有一个3，因此乘积必定有 3^2。因为1000除以9得到的是商111和余数1，所以答案正是111。

[答案：111]

问题解析 4.15　下山

我们从位于 M 点的 1 开始，完成这个表格。将到达某个节点并与之相连的上方节点的数字相加，等于到达该节点的所有路线，并把得到的和标在这个节点上。例如，标着 11 的节点，上方连着的 2 个节点可抵达该节点，上面分别标着 6 和 5（即抵达该节点有 5 种方法）。则可有 11 种方式到达标着 11 的节点。

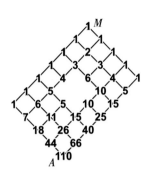

为了抵达 A，有 110 条可能的路线。

[答案：110]

问题解析 4.16　露出真面目

设这三个数分别为 x，y，z。已知 $x + y = 153$，$y + z = 79$ 且 $x + z = 128$。如果将这三个等式相加，可得 $2x + 2y + 2z = 360$，除以 2 可得 $x + y + z = 180$。

去掉 $x + y$，可得 $z = 180 - 153 = 27$。去掉 $y + z$，可得 $x = 180 - 79 = 101$。最后 $y = 180 - 128 = 52$。

或者我们可以观察到，最大的数必定是 x，因为有 x 的两个等式的和的值较大。第一个和第三个等式相加，减去第二个等式，可得 $x = (153 + 128 - 79) \div 2$，可以得到同样的结果。

[答案：101]

问题解析4.17　汉斯的背叛

设这个数字分别为 x，y，且 $x > y$，$x + y = 233$，$x = 14y + 8$。将后一个等式代入前一个，可得 $14y + 8 + y = 233$，可以得到 $y = 15$。则可得 $x = 218$。两数之差是 $218 - 15 = 203$。

[答案：203]

问题解析4.18　奔赴阿伦黛尔

第一种解法：设 x 是这十个数字里最小的，根据题意，有 $x + (x + 1) + (x + 2) + \cdots + (x + 9) = 508 + (x + k)$，其中 $x + k$ 代表被漏加的数字，且 $0 \leqslant k \leqslant 9$。

继续运算可得 $9x = 463 + k$。等号右边的部分必须能整除9，则 k 的值为5。则 $x = 52$，被漏掉的数字是 $x + k = 52 + 5 = 57$。

第二种解法：如果508是九个连续数字的总和，除以9会得到中心数字（因为它是九个数字的算术平均值）。然而，在这种情况下，508除以9得到商56和余数4。由于有10个数字而非9个，所以56不会是中心数字，但它可能是左起第五个（因为有余数，所以中心数字比56大一点）。试着按顺序52，53，54，$\cdots$，60，61，我们得到的总和为565，这就得到了被漏掉的数字 $565 - 508 = 57$。

[答案：57]

问题解析4.19　真爱

如果用一个数字除以100，余数等于该数字的最后两位数。比如，712除以100得到商7和余数12。两个数字的乘积的后两位数只取决于因子的后两位数（只需要观察如何展开乘法竖式）。要求出 102^{12} 的最后两位数，需要计算后两位数的12次方，因为十位数为0，只需计算 $2^{12} = 4096$。则余数为96。

［答案：96］

问题解析4.20 真爱融化冰雪

设 O 为圆的圆心。如果 $\angle BAC = 30°$，那么 $\angle BOD = 60°$。题目所求的面积可以看作是两部分的面积之和。其中一部分是半径为 $90\,\mathrm{m}$，圆心角为 $60°$ 的扇形面积：

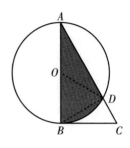

$$A_{扇形} = \frac{\pi \cdot r^2}{6} = \frac{\pi \cdot 90^2}{6} = 1350\pi 。$$

另一部分为等腰三角形 AOD 的面积，其中腰长为 $90\,\mathrm{m}$，$\angle DOA = 120°$（面积等于边长为 AO 长的等边三角形的面积），计算为：

$$A_{\triangle AOD} = \frac{90 \cdot 45\sqrt{3}}{2} = 2025\sqrt{3}$$

面积之和为 $A_{\triangle ABD} = A_{扇形} + A_{\triangle AOD} = 1350\pi + 2025\sqrt{3} \approx 7742.25$。

［答案：7742］

10.5 塞普蒂米斯，魔法师学徒

问题解析

5.1	小魔法师塞普蒂米斯	20	55%
5.2	祖父的怀表	960	40%
5.3	法术大全	64	93%
5.4	帽子里的小老鼠	24	66%
5.5	怪兽全书	1848	59%
5.6	羊皮纸和汗水	61	74%
5.7	一群蜂鸟	22	68%
5.8	好多彩色的石头	13	63%
5.9	魔药课	7	45%
5.10	被提问	8	70%
5.11	神奇的变形术	2453	49%
5.12	神奇的药水	16	30%
5.13	一只被施法术的小蜗牛	24	27%
5.14	夜间清洁	300	40%
5.15	魔法比赛	150	55%
5.16	一根非常不寻常的魔杖	45	74%
5.17	爷爷的考验	1038	27%
5.18	大树	140	70%
5.19	魔杖	340	21%
5.20	地精之城	0304	36%

问题解析5.1　小魔法师塞普蒂米斯

能得到的最小正数是1，可通过乘以0将剩下的数字通通消除。可通过这样的运算得到：

$$1 + (7 - 2) \times 0 = 1。$$

为了得到最大的正数，需要将减法的作用降到最低，即减去0，并将剩下的数值利用乘法放大到可能的最大值：

$$(1 + 2) \times 7 - 0 = 21。$$

两数之差为 21 − 1 = 20。

[答案：20]

问题解析5.2　祖父的怀表

根据题意，我们通过将信息组织在一个表格中来进行推理。

怀表上的时间	怀表运动的时间（分钟）	怀表停止的时间（分钟）
7:07		
8:00	53	20
9:00	60	30
10:00	60	20
11:00	60	
12:00	60	50
1:00	60	
2:00	60	30
3:00	60	30
4:00	60	20
5:00	60	
6:00	60	50
7:00	60	
7:07	7	
总计	720分钟＝12小时	240分钟

问题的答案是2453。

一共需要960分钟。

［答案：960］

问题解析5.3　法术大全

如果7个法术中有3个失败，那么7个中有4个成功，则 $\frac{4}{7} \times 112 = 64$。

［答案：64］

问题5.4　帽子里的小老鼠

来看一下最遭的情况：如果他蒙上眼睛，取出了所有的灰鼠（14），所有的白鼠（8），和单单一只黑鼠，还不够完成任务。还需要再取出一只才能确保任务完成，一共取出 14 + 8 + 2 = 24只老鼠。

［答案：24］

问题解析5.5　怪兽全书

注意，没有必要知道 F 和 H 点的位置，因为四边形的面积等于对角线乘积的一半。对角线 FH 等于 AD，即 $FH = AD = 56$ cm，AB 减去 N 到 AD 的距离可以得到另一条对角线的长度，即

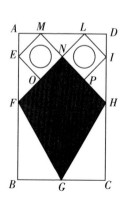

$$GN = AB - \frac{1}{2}MO = AB - \frac{1}{2}EN$$

$$= AB - \frac{1}{4}AD = 80 - \frac{1}{4} \times 56 = 66 \text{ cm}。$$

好玩数学

则

$$A_{\text{四边形}FGHN} = \frac{FH \cdot GN}{2} = \frac{56 \times 66}{2} = 1848 \, \text{cm}^2 \text{。}$$

[答案：1848]

问题解析5.6　羊皮纸和汗水

观察图片，羊皮纸被进一步切分成多个三角形区域，可以看出，题目所求的面积等于总面积的八分之一，由此可得

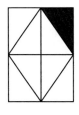

$$A_{\text{三角形}} = \frac{1}{8} \times 488 = 61 \, \text{cm}^2 \text{。}$$

[答案：61]

问题解析5.7　一群蜂鸟

第一种解法：蓝色羽毛的总数量正好减少了11根（26 − 20 = 6和26 − 21 = 5）。因此平均数减少1，蜂鸟的蓝色羽毛平均数变成22。

第二种解法：如果11只蜂鸟的蓝色羽毛平均数是23，说明一共有23 × 11 = 253根蓝色羽毛。替换了新鸟后，蓝色羽毛的总数量减少11，变成242。因此平均数为242 ÷ 11 = 22。

[答案：22]

问题解析5.8　好多彩色的石头

若有77块石头不是绿色的，那么剩下的23块石头就是绿色的。如果51块石头不是黄色的，那么剩下的49块石头就是黄色的。因此有15 + 23 + 49 = 87块石头不是蓝色的。则剩下的100 − 87 = 13块石头是蓝色的。

[答案：13]

问题解析5.9　魔药课

第一种解法：因为 $5 \times 7 \times 11 = 385\,cm^3$，则新的烧瓶的体积为 $2639 + 385 = 3024\,cm^3$。需要解出方程 $(5 + x)(7 + x)(11 + x) = 3024 = 2^4 \cdot 3^3 \cdot 7$。因为 5，7 和 11 都是奇数，需要至少一个偶数的因数，则 x 必定是奇数。如此，三个因数都是偶数，且其中一个会是 4 的倍数。适当地重新给因数排序（或逐一检验试错），可发现

$3024 = (2^2 \times 3) \cdot (2 \times 7) \cdot (2 \times 3^2) = 12 \times 14 \times 18 = (5 + 7) \cdot (7 + 7) \cdot (11 + 7)$。

求出 $x = 7\,cm$。

第二种解法：一个简单粗暴但有效的方法就是逐一检验试错。一旦确认总体积是 $5 \times 7 \times 11 + 385 = 3024\,cm^3$，就可以观察到，由于 $\sqrt[3]{1000} = 10$，$\sqrt[3]{3}$ 肯定大于 1 且小于 1.5，这三个数字很可能在 10 和 20 之间。

因为 x 是一个整数，我们可以从 10 开始检验试错，并且往更小的数字检验，直到找到解 $x = 7$。

很明显，如果 x 不是整数，这个方法就不会成功。

[答案：7]

问题解析5.10　被提问

设红龙有 x 个头，绿龙有 y 个头。第一句话说 $(y + 6) + y = 34$，则 $2y = 28$，则 $y = 14$。第二句话说明了 $x = y - 6 = 14 - 6 = 8$。

[答案：8]

问题解析5.11　神奇的变形术

观察纳迪亚和亚瑟说的话，他们的言论是互相矛盾的，他们之间有一人在说谎。另外三个朋友说的是真话。

埃维什变成了一条鱼，因此坎特变成了金丝雀。从莱利的话里，只能得出她没有变成仓鼠的信息。我们将这些信息都放在表格里。

	狗	金丝雀	猫	仓鼠	鱼
（1）埃维什	×	×	×	×	○
（2）莱利		×		×	×
（3）亚瑟		×			×
（4）坎特	×	○	×	×	×
（5）纳迪亚		×			×

我们分析纳迪亚说的话。因为第一句陈述是错误的（金丝雀是坎特），则这一整句话都是假的。她在说谎，而亚瑟说的是真话。纳迪亚变成了猫，且亚瑟没有变成一只狗。我们更新表格。

	狗	金丝雀	猫	仓鼠	鱼
（1）埃维什	×	×	×	×	○
（2）莱利		×	×	×	×
（3）亚瑟	×	×	×		×
（4）坎特	×	○	×	×	×
（5）纳迪亚	×	×	○	×	×

现在只有一种方法可以完成这个表格。

	狗	金丝雀	猫	仓鼠	鱼
（1）埃维什	×	×	×	×	○
（2）莱利	○	×	×	×	×
（3）亚瑟	×	×	×	○	×
（4）坎特	×	○	×	×	×
（5）纳迪亚	×	×	○	×	×

[答案：2453]

问题解析5.12　神奇的药水

取出一部分的混合物，并不会影响题目所求的百分比。题目所求的值为

$$p = \frac{65\,\mathrm{g}}{65\,\mathrm{g} + 56\,\mathrm{g} + 88\,\mathrm{g} + 77\,\mathrm{g} + 120.25\,\mathrm{g}}$$

$$= \frac{65}{406.25} = 0.16 = 16\%$$

[答案：16]

问题解析5.13　一只被施法术的小蜗牛

将该图作为平面上的图画，从顶点A开始，我们可以写出通往每个交叉点的路径数。为了做到这一点，在每个交叉点，我们把通往前一个交叉点的路径加起来。我们注意到，由于我们总是避免向下和向左移动，

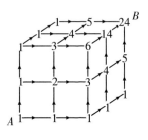

所有的路径都是六边形的，因此都是最小路径。我们写在顶点B上的数字就是题目的答案。

[答案：24]

问题解析5.14　夜间清洁

第一种解法：题目给出的数据可以用等式的形式表达，用a表示亚瑟应得的部分，e表示埃维什的部分，c表示坎特的部分，l表示莱利的部分，n表示纳迪亚的部分：

$$a + e + c + l + n = 4350$$

$$a = 2l,\ e = 4a,\ c = \frac{1}{3}n,\ \frac{1}{2}e$$

我们尝试将孩子们工作的时间改写成统一格式：$e = 4a$，则 $l = 2a$，$n = 2a$，由此可得 $c = \dfrac{2}{3}a$。第一个等式则变成：

$$a + 4a + \frac{2}{3}a + 2a + 2a = 4350$$

可以计算出 $a = 450$ 个金币的价值。

则 $c = \dfrac{2}{3} \times 450 = 300$ 个金币。

第二种解法：从工作时间的关系，我们可以看到，工作最少的是亚瑟和坎特。分别为 $e = 4a$ 和 $e = 6n$。

由此可见，埃维什的工作时间是4和6的倍数，因此是12的倍数；为了简单起见，我们假设就是12。那么莱利工作了一半，即6小时，亚瑟工作了四分之一，即3小时。纳迪亚也工作了6小时，是莱利的一半，坎特是纳迪亚的三分之一，即2小时。加起来，工作时间是29小时，每小时支付的金币是 $4350 \div 29 = 150$。因此坎特应该得到 $150 \times 2 = 300$ 个金币。

[答案：300]

问题解析5.15　魔法比赛

如果一个半的魔术师在一个半小时内准备一个半的药水，那么三个魔术师在一个半小时内准备三个药水，15个魔术师在一个半小时内准备15个药水。由于15个小时是一个半小时的10倍，所以这15个魔术师将能够准备150剂药水。

说得更符合数学语言一点，通过固定魔术师、药水和时间这三个数量中的一个，其他两个是直接成比例的。例如，让 $t = 1.5h$ 固定，可以写出比例：

1.5个魔术师 ： 1.5个小时 = 1.5剂药水 ： x 剂药水

很明显 $x = 15$，因此15个魔术师在1.5小时内生产15剂药水。现在，我们让魔术师的数量固定，并写上

1.5个小时 ： 1.5个小时 = 1.5剂药水 ： x 剂药水

由此可得 $x = 150$。

[答案：150]

问题解析5.16 一根非常不寻常的魔杖

这根魔杖由五个斜边为6 cm的等腰三角形组成。把三角形看成对角线

为6 cm的矩形的一半，其中一个三角形的面积等于 $\frac{1}{2} \times \frac{6 \times 6}{2} = 9 \text{ cm}^2$。

五个三角形的面积为 $5 \times 9 = 45 \text{ cm}^2$。

[答案：45]

问题解析5.17 爷爷的考验

通过在正十二边形的内周构建等边三角形，并将六个顶点连接起来，我们得到一个边长为20 cm的正六边形，其面积等于六个同边的等边三角形。我们可以证明六边形的边与十二边形的边相等，通过观察正十二边形的内角是 $180° \times 10 \div 12 = 150°$，四边形的角是 $150° - 60° = 90°$，因此每个有

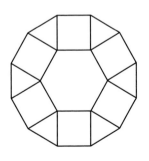

好玩数学

三条等边和两个直角的四边形都是一个正方形。由于边长为 l 的等边三角形的高度为 $\dfrac{l \cdot \sqrt{3}}{2}$，则有

$$A_{\text{六边形}} = 6 \cdot l \cdot h \cdot \frac{1}{2} = 6 \times 20 \times \frac{20 \cdot \sqrt{3}}{2} \times \frac{1}{2} = 600\sqrt{3} \approx 1038 \, \text{cm}^2$$

[答案：1038]

问题解析5.18　大树

340名年轻的魔术师在一小时内消耗了 $340 \times 7 = 2380 \, \text{kg}$ 的氧气。生产这些氧气需要 $2380 \div 17 = 140$ 棵树。

[答案：140]

问题解析5.19　魔杖

我们想象一下，粘好的骰子的所有点数为6的面都能在两个侧面上看到，点数为5的面也是如此。我们希望位于立方体顶点的八个骰子不仅显示5和6，还显示4。这是有可能的，因为一个骰子的4，5和6面在同一个顶点重合，通过适当地旋转骰子，总是有可能在魔杖的每个顶点显示所有三个。因此，总和是 $28 \times 6 + 28 \times 5 + 8 \times 4 = 340$。

[答案：340]

问题解析5.20　地精之城

这个问题相当于问："你们中间有多少个地精撒谎？"

我们立即观察到，不可能每个地精都讲的是真话。由于没有两句话是一样的，我们可以立即排除有一个以上的诚实地精。只剩下两种可能性，这两种可能性都是存在的。

· 只有一个诚实的地精。真话恰恰就是出自说"三"的那位地精。

· 它们都是骗子。事实上，通过四次撒谎，所有的话都变成了假的。

该问题所要求的答案是0304。

[答案：0304]

10.6 数学大战

问题解析

6.1	秘密代码	8541	85%
6.2	正确的时机	21	48%
6.3	一时半会儿的事	92	70%
6.4	消遣	9	23%
6.5	梦境	1875	67%
6.6	遥远的地方（1）	774	51%
6.7	昂贵的焊缝	90	25%
6.8	买卖之道	900	45%
6.9	礼仪机器人	384	22%
6.10	遥远的地方（2）	8352	59%
6.11	塔图因	13	13%
6.12	第一秩序的标志	117	15%
6.13	麻烦降临	4681	22%
6.14	逃离 Xavj	77	16%
6.15	不眠之夜	125	30%
6.16	遥远的地方（3）	2465	69%
6.17	新的企划	154	70%
6.18	机器人 R2-D2	81	22%
6.19	黑暗时代	1584	11%
6.20	克服缺陷	60	60%

问题解析6.1　秘密代码

从竖式可以知道 C 一定是 4。因此十位数会有一个进位 1。$A + B$ 一定是等于 13（不可能等于 3，因为 A 和 B 都大于 4），可能是 $7 + 6$ 或 $8 + 5$。这两种情况都会使千分位有一个进位 1，则 $D = 1$。

$$
\begin{array}{r}
3\ A\ 7 \\
+\ D\ B\ C \\
\hline
5\ 4\ 1
\end{array}
$$

$ABCD$ 有两种可能性，8541 和 7641，前者的四个数字的乘积最小。

[答案：8541]

问题解析6.2　正确的时机

声音每 $m.c.m.(4，5，6，7) = 420$ 秒重叠，因此三次间隔对应为 $420 \times 3 = 1260\,s = 21$ 分钟。（$m.c.m.$ 是最小公倍数）

[答案：21]

问题解析6.3　一瞬间的事

BB-8 每秒追近 3 m，需要 $276 \div 3 = 92$ 秒才能追上波。

[答案：92]

问题解析6.4　消遣

增加 33.3% 等同于增加 $\dfrac{1}{3}$，因此题目所求的数字就是初始数字的 $\dfrac{4}{3}$，即 $\dfrac{4}{3} \times \dfrac{3}{5} = \dfrac{4}{5}$。

[答案：9]

问题解析6.5　梦境

我们把正方形分成全等的三角形，如图所示。通过简单地计算三角形，我们可以写出题目求的比例为 $\frac{6}{32} \times 100 = 1875\%$。

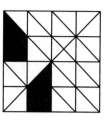

[答案：1875%]

问题解析6.6　遥远的地方（1）

找出能被5，7和11整除的数字。这个数就是 $5 \times 7 \times 11 = 385$。下一个数是770，这个数字在500和1000之间。

加上4得到774，这个数字除以5，7和11能得到余数4。

[答案：774]

问题解析6.7　昂贵的焊缝

一共有 $20 \times 6 + 12 \times 5 = 180$ 个面需要两两焊接，总共需要90个焊缝。

[答案：90]

问题解析6.8　买卖之道

替换公式中的信息我们可以得到等式

$$\frac{600 + 2y}{3} = 800,$$

结果可以得到 $y = 900$。

[答案：900]

问题解析6.9　礼仪机器人

设尤达大师的身高为 x，则他的步长为 $\frac{40}{100}x = \frac{2}{5}x$。则卢克的身高

为 $x + 80$，步长为 $\frac{2}{5}(x + 80)$。他们每走一步，卢克就比尤达大师先行

了 $\frac{2}{5} \times 80 = 32\,\text{cm}$ 的路程。12步以后，卢克就比大师先行了 $12 \times 32 = $

$384\,\text{cm}$。

[答案：384]

问题解析6.10 遥远的地方（2）

我们将其全部除以3，问题就变成了找出5个连续的数，其总和是155。除以5，我们发现中间项的数字是31（事实上，如果这些数字都等于中间的数字，那么总和也是一样的）。

通过将找到的数字（29，30，31，32和33）乘以3，我们得到了3的倍数，即87，90，93，96，99。题目所求的乘积是 $87 \times 96 = 8352$。

[答案：8352]

问题解析6.11 塔图因

经观察可知，在 n 能被完全平方之前，$\lfloor\sqrt{n}\rfloor$ 的值不变。通过一个表格我们可以计算出：

年	1	2	3	4	5	6	7	8	9	10	11	12	13
$\lfloor\sqrt{n}\rfloor$	1	1	1	2	2	2	2	2	3	3	3	3	3
升高的温度/℃	13	14	15	17	19	21	23	25	28	31	34	37	40

[答案：13]

问题解析6.12 第一秩序的标志

圆心角为 α，半径为 r 的圆弧面积为 $\pi r^2 \dfrac{\alpha}{360}$。在最小的圆里，两个

圆弧的角度都是150°，因此面积为 $\pi \cdot 3^2 \dfrac{150}{360} \times 2$。

在半径为 6 的圆里，两个圆弧的角度都是30°，它们的总面积为 $\pi \cdot 6^2 \dfrac{30}{360} \times 2$。最外围的阴影部分，是圆环的其中四个部分，角度是60°，它们的总面积为 $\pi \cdot (10^2 - 8^2) \dfrac{60}{360} \times 4$。整个阴影部分的总面积则为

$$\pi \cdot 3^2 \frac{150}{360} \times 2 + \pi \cdot 6^2 \frac{30}{360} \times 2 + \pi \cdot (10^2 - 8^2) \frac{60}{360} \times 4$$

$$= \pi \cdot 9 \times \frac{5}{6} + \pi \cdot 36 \times \frac{1}{6} + \pi \cdot 36 \times \frac{2}{3}$$

$$= \pi \frac{75}{2} \approx 117.81。$$

根据条例，若无另外说明，给出的答案是整数。

[答案：117]

问题解析6.13　麻烦降临

在图1中有8个空白方格，因此在图2中会增加8个深色方格。在图2中，有64个空白方格，即增加了 8^2 个。那么在下一幅图中，空白方格增加的数量是8的平方。

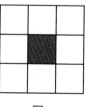

图1

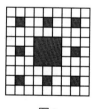

图2

计算第5幅图中的深色格子的数量为 $1 + 8 + 8^2 + 8^3 + 8^4 = 4681$ 个。

[答案：4681]

问题解析6.14　逃离Xavj

注意，不可以直接简单地用352减去110，123和151，因为拥有不止一件武器的人会被减不止一次。

例如，如果33人同时拥有T型枪和H型枪，这并不排除他们也有激光手枪。由此可见，33 – 14 = 19是那些拥有这两种武器但没有第三种武器的人。

用同样的方法推理其他武器，我们得到的结果是：24人有H型枪和激光手枪，但没有T型枪，38人没有T型枪，但有其他两种武器。在这一点上，通过差异我们得到了那些只有一种武器的人

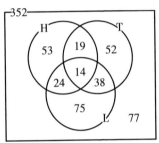

的数量，并完成了图示，即侧面。没有武器的被疏散者的数量是

$$352 – (53 + 19 + 52 + 24 + 14 + 38 + 75) = 77。$$

[答案：77]

问题解析6.15　不眠之夜

首先，让我们看看是如何得出750的。由于这三个步骤加起来就有7 – 3 + 2 = 6的增加，而750可以被6整除，我们知道，达到750就可以了。刚刚做了一个完整的循环，以步骤3结束。为了继续下去，运算会从步骤1重新开始。

试问，是否可以用操作顺序获得250。250除以6得到41，余数为4。这意味着，将所有三个步骤做41次，就可以得到246。

为了再次增加4，需要再展开步骤1和步骤2(7 – 3 = 4)。

则一共需要 41 × 3 + 2 = 125 步。

[答案：125]

问题解析 6.16　遥远的地方（3）

第一种解法：将 752 因数分解可得 $47 × 2^4$。唯一一对相加和为 63 的因子为 47 + 16。题目所求的值为 $x^2 + y^2 = 47^2 + 16^2 = 2645$。

第二种解法：我们知道二项式的平方的展开运算 $(x + y)^2 = x^2 + y^2 + 2xy$，不需要知道这两个值的大小。观察可得

$$x^2 + y^2 = (x + y)^2 - 2xy = 63^2 - 2 × 752 = 2465。$$

[答案：2465]

问题解析 6.17　新的企划

我们观察到，白色部分等同于一个底为 AE、高为 AD 的长方形的面积。因此，阴影部分的面积为

$$(AB - AE) \cdot AD = (24 - 10) × 11 = 154\ \text{m}^2。$$

[答案：154]

问题解析 6.18　机器人 R2-D2

从提供的数据来看，真实的 R2-D2 与模型之间的比为：$\dfrac{90}{15} = 6$。

质量与体积成正比，则质量的比为 6^3，因此 R2-D2 的质量为

$$375 × 6^3 = 81000\ \text{g} = 81\ \text{kg}。$$

[答案：81]

问题解析6.19 黑暗时代

第一名绝地武士可以有12种选择，第二名可以有11种选择。然而，这么一来，同样的两个绝地武士，其不同顺序就被视为不同的选择方式。既然顺序不重要，那么就除以2，结果是选出这两名绝地武士的方法有 $\frac{12 \times 11}{2} = 66$ 种方式。

同理，选出两名参议员，可以先不考虑性别，有 $\frac{10 \times 9}{2} = 45$ 种方式，但其中有 $\frac{7 \times 6}{2} = 21$ 种方式（从7个人中选出两名男性参议员，其计算方法使用同样的方式），排除了女参议员。

则选出至少1名女参议员的方式有 45 − 21 = 24 种。有 66 × 24 = 1584种不同的方式来选出代表团。

[答案：1584]

问题解析6.20 克服缺陷

第一种解法：设 x 和 y 为杠杆两臂的长度，b 是一份巴克他的质量，k 是一瓶 kolto 的质量。

根据杠杆定理可得，$2bx = 3ky$，$(b + 100)x = 4ky$。从第一个等式中可得 $ky = \frac{2}{3}bx$，代入第二个等式可得 $(b + 100)x = 4 \times \frac{2}{3}bx$。

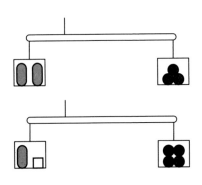

约分去掉 x，可以得到 $3b + 300 = 8b$，得到 $b = 60$。

第二种解法：观察图一可知，为了保持平衡，2 份巴克他需要 3 瓶 kolto，因此一份巴克他需要一瓶半的 kolto。

观察图二可知，为了保持平衡，4 瓶 kolto 中有 1 瓶半需要一份巴克他（正如上一张图得出的结论），而剩下的 2 瓶半的 kolto 需要 100 g 的轴承。

因此我们可以按照比例得出：

$$2.5\text{瓶 kolto} : 100\,\text{g} = 1.5\text{瓶 kolto} : x$$

$$\text{可得} x = \frac{1.5 \times 100}{2.5} = 60\,\text{g}。$$

[答案：60]

10.7 哈利·波特与密室

问题解析

7.1	最糟糕的生日	185	90%
7.2	多比的警告	3043	25%
7.3	陋居	60	21%
7.4	飞路粉	13	10%
7.5	在丽痕书店	27	4%
7.6	黑魔法防御术课老师	262	10%
7.7	打人柳	248	4%
7.8	吉德罗·洛哈特	83	94%
7.9	黑夜里的声音	56	21%
7.10	墙上的字	32	17%
7.11	密室与继承人	697	0%
7.12	格兰芬多 – 斯莱特林	25	8%
7.13	决斗俱乐部	148	27%
7.14	复方汤剂	1743	4%
7.15	绝密日记	800	25%
7.16	海格的秘密	18	6%
7.17	神秘的谜语	673	29%
7.18	阿拉戈克	9331	10%
7.19	密室	251	17%
7.20	斯莱特林的继承人	149	2%
7.21	多比的报偿	50	4%

问题解析7.1　最糟糕的生日

题目需要求出ABC的值，其中$3 \cdot ABC = CCC$。

观察个位数上的数字，除了0，唯一一个乘以3之后个位数上的数字不变的就是5。若$C = 5$，则题目求的数字就是$555 \div 3 = 185$。

[答案：185]

问题解析7.2　多比的警告

为了使$a \cdot b \cdot c \cdot d - e \cdot f \cdot g + h \cdot i - l$得到最大值，最好是把最大的数字放在第一个乘积里，把0放在第二个乘积里，即$9 \cdot 8 \cdot 7 \cdot 6 - 0 \cdot f \cdot g + h \cdot i - l$。被减去的数字$l$最好是剩下的数字里最小的数字，另外的$i$和$h$放上剩下的数字里最大的数字。则最大值为$9 \cdot 8 \cdot 7 \cdot 6 - 0 \cdot 2 + 5 \cdot 4 - 1 = 3043$。

[答案：3043]

问题解析7.3　陋居

竖着的一个"▢▢▢▢"里，有4个"小"的矩形，3个由2个小矩形构成的矩形，2个由3个小矩形构成的矩形，最后还有1个由4个小矩形构成的矩形，我们暂时不把它列入总计数。

除去最后一个，一共有9个矩形。因为同样的区域有5个，则矩形的计数一共有$9 \times 5 = 45$个。现在我们需要加上这些由多个方块连接组成的矩形。即加上如图所示的矩形的数量。它们可以组成$5 + 4 + 3 + 2 + 1 = 15$个矩形，包含了之前没有计算在内的部分。一共有60个矩形。

［答案：60］

问题解析7.4　飞路粉

先利用因数分解得到质因数6，再利用乘方的特性展开运算，可得

$$\frac{2^{2014} \cdot 3^{2018}}{6^{2016}} = \frac{2^{2014} \cdot 3^{2014} \cdot 3^4}{6^{2014} \cdot 6^2} = \frac{6^{2014} \cdot 3^4}{6^{2014} \cdot 6^2} = \frac{3^4}{2^2 \cdot 3^2} = \frac{3^2}{2^2} = \frac{9}{4}。$$

最简分数的分子分母之和为13。

［答案：13］

问题解析7.5　在丽痕书店

设眼镜的半径为 x。题目求眼镜面积增加的百分比，正方形面积是圆形面积的 $P\%$，其中 P 是增加的百分比乘以100。可以通过以下比例确定 P 的百分比

$$A_{圆}：100 = A_{正方形}：P$$

$$\pi x^2：100 = 4x^2：P$$

可得 $P = \dfrac{4x^2 \cdot 100}{\pi x^2} = \dfrac{400}{\pi} \approx 127.38$

我们只考虑结果的整数部分，即127%，题目求的百分比是超过100%的部分，即27%。

［答案：27%］

问题解析7.6　黑魔法防御术课老师

先数页码没有重复数字的页面。从1到9，一共9页。

从10到99，一共由 $9 \times 9 = 81$ 页，其中十位数上的数字有9种可能性（不可以为0），个位数上的数字有9种不同的选择方式（不能是用过的数字，但可以为0）。

如此推理，从 100 到 999 有 9 × 9 × 8 = 648 页。1000 页的 0 是重复的。

一共有 9 + 81 + 648 = 738 页的页码没有重复的数字。则有 1000 − 738 = 262 页的页码有重复的数字。

[答案：262]

问题解析 7.7　打人柳

第一种解法：第一个数是 1 + 2 + 3 + 4 = 10，第二个数是 2 + 3 + 4 + 5 = 14。可以以 3，4 等开头的四组数字继续算下去。当进行到某 4 个相连的数字之和超过 1000 时，就行不通了。因为 1000 ÷ 4 = 250，后三个数字的开头数字必须小于 250。经观察可知，计算 248 + 249 + 250 + 251 = 998，而 249 + 250 + 251 + 252 = 1002。结论是，最后符合题意的四个数字以 248 开头。一共有 248 组 4 个连续的数字符合题意。

第二种解法：第一个数一定是 1 + 2 + 3 + 4 = 10（我们可以写作 4 × 1 + 6 的形式），第二个数是 2 + 3 + 4 + 5 = 14(4 × 2 + 6)。按照这样的方法，我们发现所有符合题意的数字都等于 6 加上 4 的倍数，更准确地说，所有的数字都是 $4k + 6$ 的形式。事实上，如果 k 是这个序列的第一个数字，那么接下来的数字将是 $k + 1$，$k + 2$ 和 $k + 3$，它们的和是 $k + (k + 1) + (k + 2) + (k + 3) = 4k + 6$。

我们找出符合 $4k + 6 \leqslant 1000$ 的最后一项，可以发现 $k \leqslant \dfrac{994}{4} = 248.5$，因此最后一项为 248 + 249 + 250 + 251 = 998。一共有 248 个符合题意的数字。

问题解析7.8 吉德罗·洛哈特

第一种解法：如果 n 是一个二位数，n 除以2得到的余数是1，那么 n 肯定是一个奇数。如果 n 除以5得到的余数是3，那么最后一位数是3或者8，但 n 必须是奇数，所以个位数的数字是3。如果 n 除以9得到余数2，且个位数是3，那么两个位数的数字之和一定是11（9＋2）。题目所求的数字是83。

第二种解法：可以列出所有的9的倍数加上2：11，20，29，38，47，56，65，74，83，92。这些数字里排除偶数（因为题目求的数字不能整除2），在剩下的数字里，找到唯一一个是5的倍数加3，即83。

［答案：83］

问题解析7.9 黑夜里的声音

假如信件总以 $\{A, B, C, D\}$ 中的一个开头，然后中间部分接着 $\{a, b, c, d\}$ 中的一句，最后以 $\{\alpha, \beta, \gamma, \delta\}$ 其中一句问候结尾，那么洛哈特可以不受限制地使用 $4 \times 4 \times 4 = 64$ 种不同的回答回信。

我们需要减去"我敬佩你"开头，"特此致敬"结尾的4种回信方式，以及"亲爱的"开头，"特此致敬"结尾的另外4种回信方式。

所有的回信的写法有 $64 - 8 = 56$ 种。

［答案：56］

问题解析7.10 墙上的字

最好的路线如图所示。

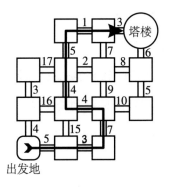

需要的秒数是 5 + 3 + 7 + 4 + 4 + 5 + 1 + 3 = 32。

［答案：32］

问题解析7.11 密室与继承人

抛出骰子得到不同点数的概率如下：

$$P(1) = \frac{1}{6}, \qquad P(2) = \frac{2}{6}, \qquad P(3) = \frac{3}{6}$$

抛掷4次骰子都得到点数1的概率是 $\left(\frac{1}{6}\right)^4$，都得到点数2的概率是 $\left(\frac{2}{6}\right)^4$，都得到点数3的概率是 $\left(\frac{3}{6}\right)^4$。因为这些是互斥事件，则有

$$P_{(点数一致)} = P_{(点数都是1)} + P_{(点数都是2)} + P_{(点数都是3)}$$

$$= \frac{1}{6^4} + \frac{2^4}{6^4} + \frac{3^4}{6^4}$$

$$= \frac{1 + 16 + 81}{1296} = \frac{98}{1296} = \frac{49}{648}$$

解为 49 + 648 = 697。

［答案：697］

问题解析7.12　格兰芬多-斯莱特林

因为 $2000 = 2^4 \cdot 5^3$，那么这个数字至少有 3 个位数都是 5。而 2^4 只需要 2 个位数就能得到 4×4 或 8×2。最后两个数字可以构成最小的数字 25558，它的位数之和是 25。

[答案：25]

问题解析7.13　决斗俱乐部

通过列竖式求和可以观察到，除了个位数上的 7，22 行的每一行都只出现 1 次 7。由于有 22 个加数，且 $22 \times 7 = 154$，则个位数的数字为 4。

把 15 进到十位数，有 $7 + 15 = 22$，则十位数上的数字是 2。把 2 进到千位数，得到 $7 + 2 = 9$。不再有进位，因此剩下的位数都是 7。数字 $\underbrace{777\cdots7}_{19个7}924$ 的位数之和为 $19 \times 7 + 9 + 2 + 4 = 148$。

[答案：148]

问题解析7.14　复方汤剂

第一种解法：观察所有可以使得 $x + 24$ 能被完全平方的 x。如果我们列出所有自然数的平方，我们可以找到所有可能性的值。

n	n^2	$x = n^2 - 24$	n	n^2	$x = n^2 - 24$
1	1	不，因为是负数	10	100	76
2	4	不，因为是负数	11	121	97
3	9	不，因为是负数	12	144	120
4	16	不，因为是负数	13	169	145
5	25	1	14	196	172
6	36	12	15	225	201
7	49	25	16	256	232
8	64	40	17	289	265
9	81	57	18	324	300（最后一个可能性的值）

第三列的数值之和为 1743。

第二种解法：如果 $\sqrt{x+24}=n$，其中 n 是一个自然数，那么 $5 \leqslant n \leqslant 18$。事实上，需要排除所有小于 5 的 n 的值，因为被开方数得到的 x 会是负数，而 x 的最大值是 300，得到 $\sqrt{300+24}=18$。

将等式两边平方可得，$x+24=n^2$，可以写成 $x=n^2-24$。所有符合条件的 x 值之和 S 等于所有符合条件的 n^2-24 的数值之和，即

$$S = (5^2-24)+(6^2-24)+(7^2-24)+\cdots+(18^2-24)$$
$$= 5^2+6^2+7^2+\cdots+18^2-14\times24,$$

已知 $1^2+2^2+\cdots+18^2=\dfrac{18\times19\times37}{6}=2109$，

总数减去前面 4 个平方，以及 14×24，可以得到

$$S = 2019-1^2-2^2-3^2-4^2-14\times24=1743。$$

[答案：1743]

问题解析 7.15　绝密日记

如图所示，将矩形划分。其中两个三角形的底是多边形的边，高度等于多边形的边心距，面积等于十边形面积的 $\dfrac{1}{10}$。

另外两个三角形也符合同样的条件，其底边长等于多边形的边心距的两倍，高等于十边形边长的一半。得出结论，矩形面积等于十边形面积的 $\dfrac{4}{10}$，则有

$$A_{\text{矩形}} = \dfrac{4}{10}\cdot20\ \text{cm}^2 = 8\ \text{cm}^2 = 800\ \text{mm}^2。$$

[答案：800]

问题解析 7.16　海格的秘密

我们分开确定元音和辅音的排列顺序：AAO 可以有 3 种排列顺序，辅音 RGG 同样如此。现在只剩一个问题，就是元音开头还是辅音开头（2 种可能性），其余固定了的。最终一共有 2 × 3 × 3 = 18 种可能的变位词。

[答案：18]

问题解析 7.17　神秘的谜语

观察图片如何构成的，n 的正下方就是它的儿子，值为 $3n$。

2018 是 2019 的兄弟，2019 是 2018 所在的儿子群里唯一的 3 的倍数，因此它们的父亲是 2019 ÷ 3 = 673。

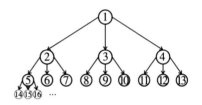

[答案：673]

问题解析 7.18　阿拉戈克

如果蜘蛛每 10 年繁殖一次，那么在 50 年内它们已经繁殖了 5 次。在第一胎之前，只有一只蜘蛛。在第一次产卵时，有 1+6 只蜘蛛，在第二次产卵时，6 只蜘蛛中的每一只（阿拉戈克已经产卵，不能再产卵了，因为每只蜘蛛只产卵一次）繁殖出 6 只后代，即 6 × 6 只后代，共 1 + 6 + 6^2 只蜘蛛。又过了十年，上一代的 6^2 只蜘蛛中的每一只都产生了 6 只后代，总共增加了 6^3 只蜘蛛。以此类推。

题目所求的数字为

$$1 + 6^2 + 6^3 + 6^4 + 6^5 = \frac{6^6 - 1}{6 - 1} = \frac{46655}{5} = 9331。$$

［答案：9331］

问题解析7.19 密室

连接两个圆的圆心，得到两个等边三角形，其中边长等于半径。

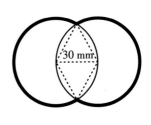

圆的两部分的角度正对，它们的圆心角都是 $360° - 120° = 240°$，每段的弧长都是周长的 $\frac{2}{3}$。题目所求的长度为

$$2 \cdot \frac{2}{3} \cdot 2\pi \cdot 30 = 80\pi \approx 251.2 \, \text{mm}。$$

［答案：251］

问题解析7.20 斯莱特林的继承人

由于每个岔路口蛇怪都有两种选择，而且它碰到了7个岔路口，它可能选择的路线有 2^7 条。由于每条路径的可能性都一样，每条的可能性是 $\frac{1}{2^7} = \frac{1}{128}$。

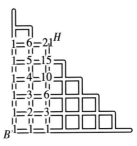

可以计算出从 B 通往 H 的所有路径，如图所示，在每个岔路口写下通向这个岔路口的方式之和。题目所求的概率为 $\frac{21}{128}$，已经是最简分数，答案为 $21 + 128 = 149$。

［答案：149］

问题解析 7.21　多比的报偿

第一种解法：我们先尝试在 x 的位置输入不同的数值：

- $x = 1$，可以得到 $1 + \dfrac{1}{2} + \dfrac{1}{3} = \dfrac{11}{6}$；

- $x = 2$，可以得到 $\dfrac{11}{12}$；

- $x = 3$，可以得到 $\dfrac{11}{18}$。

注意分子永远是 11，分母则是 $x \cdot 6$。由于等式右边的部分分子需要是 1，需要将分子 11 约分，则 x 需要是 11 的倍数。则

- 若 $x = 11$，可得 $\dfrac{1}{6} = \dfrac{1}{y(y-2)}$，因此 $y(y-2) = 6$，没有正整数的解；

- 若 $x = 22$，可得 $y(y-2) = 12$，没有正整数的解；

- 若 $x = 33$，可得 $y(y-2) = 18$，没有正整数的解；

- 若 $x = 44$，可得 $y(y-2) = 24$，验证可得 $y = 6$。

$x + y$ 的最小值为 50。

第二种解法：为了得到一个更代数性的答案，我们写下题目的条件

$$\frac{1}{x} + \frac{1}{2x} + \frac{1}{3x} = \frac{1}{y(y-2)}$$

并尝试将其写成非分数的等式形式。等式左边的部分的分数相加，分母的公倍数为 $6x$，可得

$$\frac{11}{6x} = \frac{1}{y(y-2)},$$

应用比例的特性，可以得到

$$11y(y-2) = 6x。$$

在这一点上，我们可以从两个方面着手。

我们观察到等式右边是 2 的倍数，因此等式的左边也是如此。设 $y = 2a$。那么

$$11 \cdot 2a(2a-2) = 6x$$

$$11 \cdot \cancel{2}a \cdot 2(a-1) = \cancel{2} \cdot 3x$$

$$2 \cdot 11 \cdot a \cdot (a-1) = 3x$$

等式左边是 2 的倍数，因此等式的右边也是如此。设 $x = 2b$，可得

$$\cancel{2} \cdot 11 \cdot a \cdot (a-1) = 3 \cdot \cancel{2}b$$

$$11 \cdot a \cdot (a-1) = 3 \cdot b$$

a 和 $a-1$ 必然有一个是 3 的倍数。为了得到最小值，我们可以选择 $a = 3$，那么 $a - 1 = 2$，且

$$11 \cdot \cancel{3} \cdot 2 = \cancel{3} \cdot b$$

由此可得 $b = 22$。那么 $x = 2b = 44$，$y = 2a = 6$。则 $x + y$ 的最小值为 $44 + 6 = 50$。

[答案：50]

10.8 怪兽电力公司

问题解析

8.1	房门密码	2	82%
8.2	怪兽大学	77	93%
8.3	电力	175	47%
8.4	忘关的门	999	16%
8.5	一段新友谊	12	86%
8.6	调查	1000	82%
8.7	尖叫声提炼机	7	61%
8.8	同谋	1600	46%
8.9	奇怪的门	3200	72%
8.10	在喜马拉雅	53	12%
8.11	雪人	256	33%
8.12	给雪人的谜题	2014	19%
8.13	村子里的门	41	26%
8.14	发现	19	46%
8.15	蓝道的失败	59	40%
8.16	电力公司	32	5%
8.17	思念	60	37%
8.18	能源生产手册	1013	39%
8.19	拜访朋友	26	42%
8.20	一次冒险的结束	22	30%

问题解析8.1 房门密码

继续进行运算，为了简便运算，将分子中的项数两两配对，可得

$$\frac{2-3+4-5+6-7+8-9+10-11+12-13+14}{(3-1)(3-2)(3-4)(3-5)}$$

$$=\frac{8}{2\times1\times(-1)\times(-2)}=\frac{8}{4}=2$$

[答案：2]

问题解析8.2 怪兽大学

第一种解法：前三门考试的平均分是 $\frac{67+68+60}{3}=65$。为了拿到 68 分的平均分，他需要在第四门考试里取得 x 分，则 $\frac{67+68+60+x}{3}=68$，即 $195+x=272$，最后得到 $x=77$。

第二种解法：计算出前三门考试的平均分是65分后，如果第四门考试也是65分，则平均分不变。为了使平均分提高3分，需要所有的成绩都增加3分。在65分的基础上增长的 $4\times3=12$ 分全都放在最后一门考试上（唯一还没开考的），因此第四门考试需要拿的成绩是77。

[答案：77]

问题解析8.3 电力

相对的面分别用 A，B，C 标注。经观察可得相对的面的数字之和等于 725 + 425 = 495 + 655 = 1150。题目求的位置面对应的数字应为 1150 − 975 = 175。

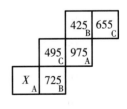

[答案：175]

问题解析8.4 忘关的门

答案是999。事实上，除了一个数以外的数值都可以大于2019。根据整数的性质，永远存在唯一的一个数（负数）使它们的和等于-1。举个例子。设 x_1，x_2，...，x_{1000}，且 $x_1 + x_2 + \cdots + x_{1000} = -1$。我们选择 $x_1 = x_2 = \cdots = x_{999} = 2020$，只需要 $x_{1000} = -1 - 999 \times 2020 = -2017981$，可以使得它们的和等于-1，符合题意。

[答案：999]

问题解析8.5 一段新友谊

根据题意，可以得到

$$\frac{n-3}{9} = \frac{n-9}{3},$$

可以得到 $3n - 9 = 9n - 81$，即 $n = 12$。

[答案：12]

问题解析8.6 调查

萨利文的步长是麦克的 $\frac{6}{5}$，则说明萨利文每走5步，麦克就走了6步。设萨利文走了 x 步。根据比例 $x : 1200 = 5 : 6$，可以得到 $x = 1000$ 步。

[答案：1000]

问题解析8.7 尖叫声提炼机

观察这两个三角形，它们的高相同（正方形边长的一半），因此它们面积的比值等于它们的底的长度之比。设正方形边长的十分之一为 x，则这两个三角形的面积之比等于 $\dfrac{A_{\triangle CDO}}{A_{\triangle ABO}} = \dfrac{7x}{x} = 7$。

[答案：7]

问题解析8.8　同谋

只有一种方法使得两个或者多个平方的和为零，那么就是每个平方都等于零。则需要 $a = 125$，$b = 235$，$c = 540$，$d = 700$。则这四个数字之和为

$$a + b + c + d = 125 + 235 + 540 + 700 = 1600。$$

[答案：1600]

问题解析8.9　奇怪的门

第一种解法：这扇门包含的长方形的尺寸分别是 $100 - 20 = 80$ 和 $80 - 20 = 60$。我们可以通过计算两个长方形的差值得到门框的面积：$A = 100 \times 80 - 80 \times 60 = 3200 \, cm^2$。

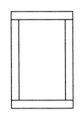

第二种解法：我们可以将门框看作尺寸都是 80×10 的四个矩形，则门框的面积为 $80 \times 10 \times 4 = 3200$。

[答案：3200]

问题解析8.10　在喜马拉雅

小于2019的最大平方数是1936，即 44^2，而 $45^2 = 2025$。因此小于2019的平方数有44个。

小于2019的最大立方数是1728，即 12^3，而 $13^3 = 2197$。因此小于2019的立方数有12个。

这种方法，需要在计数时减去既是平方数又是立方数的数字。既是平方数又是立方数的数字，需要是六次方，或者是完全平方数的立方。因为符合条件的立方数是 12^3，则唯一小于12的完全平方数（随后要乘

三次）为 1，4 和 9。即只有 3 个数，既是完全平方数又是完全立方数。符合条件的数字一共有 44 + 12 − 3 = 53 个。

［答案：53］

问题解析 8.11　雪人

按照运算的顺序继续进行运算。记住需要优先运算乘方的部分。

$$\frac{2^{2^{2^2}}}{\left[\left(2^2\right)^2\right]^2} = \frac{2^{2^4}}{2^{2\cdot 2\cdot 2}} = \frac{2^{16}}{2^8} = 2^8 = 256$$

［答案：256］

问题解析 8.12　给雪人的谜题

三角形斜边的长度最小值为 6 cm（因为三角形的其中两边之和大于第三条边）。最小值 6 cm 到最大值 2019 cm 之间有 2014 种斜边为整数的可能性。

［答案：2014］

问题解析 8.13　村子里的门

第一种解法：如果只有 1 枚 50 分的硬币变成 2 欧元，那么收益为 1.5 欧元。为了得到 27 欧元的收益，需要有 18 枚 50 分的硬币变成 2 欧元。减去这 18 个增加价值的硬币，其他的数量不变，即 $\frac{100 - 18}{2} = 41$。则一开始有 41 枚 2 欧元的硬币和 41 + 18 = 59 枚 50 分的硬币。

第二种解法：设最开始有 x 枚 2 欧元的硬币，则存款为 $2 \cdot x + (100 - x) \cdot \frac{1}{2}$。将两种面额的硬币数量交换，则存款有 $2 \cdot (100 - x) + x \cdot \frac{1}{2}$。因前者的存款比后者少 27 欧元，则可以得到等式

$$2 \cdot x + (100 - x) \cdot \frac{1}{2} + 27 = 2 \cdot (100 - x) + x \cdot \frac{1}{2},$$

解得 $x = 41$。

[答案：41]

问题解析8.14　发现

第一种解法：让我们逐个计算，只有1个1×1的正方形符合题意。有4个2×2的正方形，其4个小方块中有一个黑色的。有9个3×3的正方形里含有黑色方块。有4个4×4的正方形里含有黑色方块。

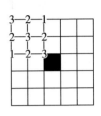

5×5的含有黑色方块的正方形，只有这一整张表格。含有黑色方块的一共有$1 + 4 + 9 + 4 + 1 = 19$个正方形。

第二种解法：在表格的每个顶点上，我们计算有多少个以该点为左上角顶点，且包含黑色方块的正方形。例如，我们从左上角的顶点开始，有3个符合题意的正方形，一个边长为3，一个边长为4，一个边长为5。

对其他顶点继续进行同样的操作，得到的数字如图所示。所有剩下的其他网格点不能作为符合题意的正方形的左上角顶点。总数为19。

[答案：19]

问题解析8.15　蓝道的失败

因 $\frac{1}{2} + \frac{1}{3} + \frac{1}{5} = \frac{31}{30}$ 大于1；又因 $\frac{m}{n}$ 是一个真分数，即小于1。

因此 $\frac{1}{2} + \frac{1}{3} + \frac{1}{5} + \frac{m}{n}$ 的和的整数一定是2，则 $\frac{m}{n} = 2 - \frac{31}{30} = \frac{29}{30}$。

问题所求的和为 $m + n = 29 + 30 = 59$。

[答案：59]

问题解析8.16 电力公司

观察侧边的图片。因为 C 点的终点是最长的底边 AB 上的 E 点，则 DB 垂直于 CE，$CO = OE$，$DC = DE$，$BC = BE$。

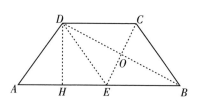

因为三角形 DOC 和三角形 BOE 的角的大小相同（被第三条直线所截的平行线，以及对顶角）和一条相等的边，则这是两个全等三角形。四边形 $DCBE$ 的四个边相等，因此该四边形为一个菱形。

因为 $AD = BC = CD = EB = 11 - 6 = 5\,\text{km}$，则三角形 ADE 为等腰三角形。画出它的高 DH，可以得到 $AH = \dfrac{AE}{2} = 3\,\text{km}$。由勾股定理可得 $DH = \sqrt{5^2 - 3^2} = 4\,\text{km}$。则四边形的面积为

$$A_{\text{四边形}ABCD} = \frac{(AB + DC) \cdot DH}{2} = \frac{(11 + 5) \times 4}{2} = 32\,\text{km}^2$$

[答案：32]

问题解析8.17 思念

我们将问题分成四种情况：

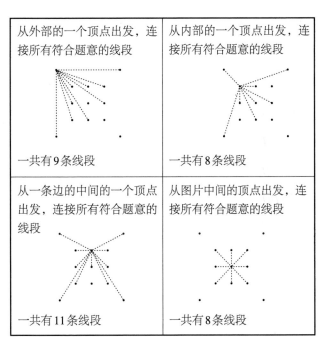

从外部的一个顶点出发，连接所有符合题意的线段	从内部的一个顶点出发，连接所有符合题意的线段
一共有9条线段	一共有8条线段
从一条边的中间的一个顶点出发，连接所有符合题意的线段	从图片中间的顶点出发，连接所有符合题意的线段
一共有11条线段	一共有8条线段

符合题意的线段的数量为 $\dfrac{4 \times 9 + 4 \times 8 + 4 \times 11 + 8}{2} = 60$，在计数

时每条线段会被重复计入一遍，因此需要除以2。

[答案：60]

问题解析8.18　能源生产手册

我们把2020分解为质因数：$2020 = 2^2 \cdot 5 \cdot 101$。为了找出 $a + b + c$

的最大值，我们需要确保其中的一个因数符合条件的最大值。设 $c = 1$，$b = 2$，则剩下 $a = 1010$ 为可以得到的最大因数。

题目所求的值为 $a + b + c = 1010 + 2 + 1 = 1013$。

[答案：1013]

问题解析8.19　拜访朋友

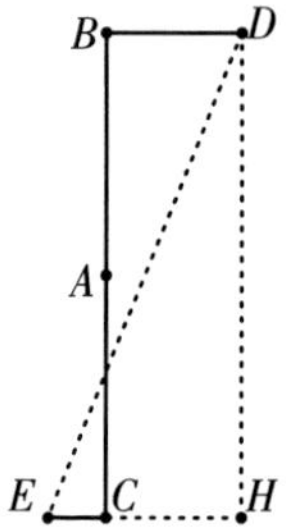

我们将题目的数据用图片的形式展现出来（如图所示）：根据题目的数据，$AB = AC = 12\,\text{m}$，$BD = 7\,\text{m}$，$EC = 3\,\text{m}$。

为了计算 ED 的距离，我们构建直角三角形 EDH，其中 $EH = EC + BD = 10\,\text{m}$，$DH = BC = 24\,\text{m}$。根据勾股定理可得

$$ED = \sqrt{24^2 + 10^2} = \sqrt{676} = 26\,\text{m}。$$

［答案：26］

问题解析8.20　一次冒险的结束

将前两个等式相乘可得

$$\frac{x\cancel{y}}{\cancel{z}} \cdot \frac{x\cancel{z}}{\cancel{y}} = 2 \cdot 8,$$

由此可得 $x^2 = 16$，即 $x = 4$。

以此类推，通过将第一个和第三个等式相乘，可得 $y^2 = 36$，因此得 $y = 6$。最后从 $\dfrac{y \cdot z}{x} = 18$，可得 $z = 12$。

因此答案为 $x + y + z = 4 + 6 + 12 = 22$。

［答案：22］

10.9 阿斯泰利克斯历险记

问题解析

9.1	整个儿吗？不!	45	50%
9.2	巨石	5467	32%
9.3	帕诺哈米克斯的神奇药水	9375	61%
9.4	罗马军队	81	63%
9.5	间谍	6	35%
9.6	袭击十字路口	49	79%
9.7	神奇药水的时效是多久	0324	17%
9.8	军团成员之间的斗争	155	14%
9.9	逮捕帕诺哈米克斯	125	16%
9.10	被逼供的帕诺哈米克斯	2	42%
9.11	牛贩子	60	40%
9.12	阿斯泰利克斯投降了	30	50%
9.13	假药水	37	29%
9.14	草莓	20	30%
9.15	真烦人	48	62%
9.16	解药	5508	12%
9.17	抓住他们	1259	17%
9.18	在佩蒂博努姆军营中相遇	319	7%
9.19	在蒙古	5738	37%
9.20	最后的盛宴	18	77%

问题解析9.1　整个儿吗？不！

第一个数字一定是1，因为中间两个位数之和最大值是18。个位数可以是0，1，2，…，9。只有一种方式可以得到18(9 + 9)；两种方式可以得到17(8 + 9和9 + 8)；三种方式可以得到16(7 + 9，8 + 8和9 + 7)，依次类推，直到10，有9种方法可以得到10(9 + 1，8 + 2，…，1 + 9)。一共有1 + 2 + 3 + … + 9 = 45种方式。

[答案：45]

问题解析9.2　巨石

因为这两面肯定有一条共同的边，其边长是一个整数，为了确定这个数值，我们将题目给出的两个数据质因数分解：$781 = 11 \times 71$，$497 = 7 \times 71$。

除了71，这两个数字没有其他公因数，因此这条共同的边的长度为71 dm，其他的边长为11 dm和7 dm。题目所求的体积为$71 \times 7 \times 11 = 5467$ dm^3。

[答案：5467]

问题解析9.3　帕诺哈米克斯的神奇药水

第二次换水的时候，药水50%的组成部分被替换成水。此时水的比例为75%，药水的比例为25%。第三次换水时，25%的一半，即12.5%的药水被水替换掉，则水的比例达到了87.5%。第四次换水时，有6.25%的药水被水替换掉，此时水的比例达到了93.75%。

[答案：93.75%]

问题解析9.4 罗马军队

只需要确定前两个数字，其他数字就能确定。万位数的数字有9种可能性（排除0）。千位数的数字有9种可能性（包括0，但是排除前面已选的数字）。因此一共有81种可能性。

[答案：81]

问题解析9.5 间谍

5的乘方的最后一位数永远是5。如果4的指数是偶数，那么乘方的最后一位数是6，如果4的指数是奇数，那么乘方的最后一位数是4（比如 $4^2 = 16$，$4^3 = 64$），本题的情况是最后一位数是4。对于最后一个数字3的乘方，经观察可发现它们的最后一位数以1，3，9，7的序列重复，事实上

$$3^0 = 1，3^1 = 3，3^2 = 9，3^3 = 27，3^4 = 81。$$

因为 $2019 \div 4 = 504$，余数为3，则 3^{2019} 的最后一位数为7。

和的最后一位数，等于各个数的最后一位数之和，因 $7 + 4 + 5 = 16$，则最后一位数为6。

[答案：6]

问题解析9.6 袭击十字路口

$\angle JNO$ 是 $\angle JNP$ 的补角，大小为 $180° - 117° = 63°$。最后通过差值，可以求得

$$\angle ONH = \angle JNH - \angle JNO = 112° - 63° = 49°。$$

[答案：49]

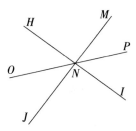

问题解析9.7　神奇药水的时效是多久？

整数部分3，可以看作是过了3日。小数部分可以看作是第四天里的一部分，确切地说是当日的1416/10000。为了得到这部分的小时数，将0.1416乘以24得到3.3984个小时。因此为3小时再过一点，这一点确切地说是0.3984小时，将其乘以60，可以得到对应的23.904分钟。如题目所言需要四舍五入。因此经过3天后，第4天从正午开始到结束，3小时和24分钟。

[答案：0324]

问题解析9.8　军团成员之间的斗争

一个数字最后0的数量，取决于它分解出的因数里有多少对2×5。

先计算因数5的数量。因为$55 = 5 \times 11$，因此55^{55}包含55个因数5。数字54，53，52，51不能被5整除。而$50 = 5^2 \times 2$，因此50^{50}包含100个因数5。一共有155个因数5。

再来计算因数2的数量。因为$54 = 2 \times 3^3$，所以54^{54}包含了54个因数2。因为$52 = 2^2 \times 13$，则52^{52}包含104个因数2。如此一来，因数2的数量大于因数5的数量。

则剩下的50^{50}包含的因数2无法生成其他的0。

则数字最后的0的数量取决于因数5的数量，即155个。

[答案：155]

问题解析9.9　逮捕帕诺哈米克斯

第一种解法：观察CH和PH，可以由勾股定理得出PC的长：$PC = \sqrt{60^2 - 36^2} = 48$ cm。根据欧几里得定理可得$BC = \dfrac{CH^2}{PC} = \dfrac{60^2}{48} = 75$ cm。

再次根据勾股定理可得 $HB = \sqrt{75^2 - 60^2} = 45\,\text{cm}$，再次根据欧几里得定理可得 $AB = \dfrac{BC^2}{HB} = \dfrac{75^2}{45} = 125\,\text{cm}$。

第二种解法：经观察可知，线段 CH 和线段 HP 将三角形划分成得到的三角形，都互为相似三角形。如图，画出垂直于第三条边的线段 HQ（如图所示）。

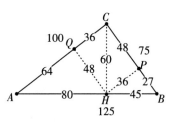

我们注意到 $36 = 3 \times 12$，$60 = 5 \times 12$ 和 $48 = 4 \times 12$ 是由 3，4，5 乘以 12 衍生得到的一组勾股数。

利用三角形之间的相似性，在不同的三角形上确定好系数，利用 3，4，5 这三个勾股数可以解出这个问题。例如，在右下角的小三角形中 36 和 4 是成比例的（$36 = 3 \times 12$），则它的斜边长为 $9 \times 5 = 45$。依次类推，可以得到所有的数值，如图中标注所示。题目所求的三角形的斜边长为 $80 + 45 = 125\,\text{cm}$。

[答案：125]

问题解析 9.10 被逼供的帕诺哈米克斯

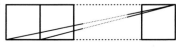

三角形的底和高都等于正方形的边。由此可得，其面积是正方形的一半，即 $2\,\text{cm}^2$。

[答案：2]

问题解析 9.11 牛贩子

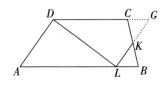

延长线段 LK 和线段 DC，可以得到交点 G。三角形 LBK 和三角形 GCK 为全等三

角形（因为 $CK = KB$，$\angle CKG = \angle LKB$，$\angle KCG = \angle KBL$，因为它们是线段 DG 和线段 AB 被 CB 截后得到的内错角），因此平行四边形 $ALGD$ 的面积相当于四边形 $ABCD$ 的面积。因为三角形 DGL 的面积和梯形 $LBCD$ 的面积相等，为梯形 $ABCD$ 面积的一半，则梯形 $LBCD$ 的面积为 $60\,\mathrm{cm}^2$。

[答案：60]

问题解析9.12　阿斯泰利克斯投降了

通过提取公因数并约分，分数可以简化为

$$\frac{6^{2020} - 6^{2019}}{6^{2018}} = \frac{6^{2019} \cdot (6 - 1)}{6^{2018}}$$

$$\frac{\cancel{6^{2019}} \cdot 5}{\cancel{6^{2018}}} = 30。$$

士兵的人数为30。

[答案：30]

问题解析9.13　假药水

在最糟的情况下，他一定拿了21个树根，如果他拿出了14朵野花，那么他只需要再拿出一枝槲寄生。一共是36件物品。

但是如果拿了21个树根后，他还拿了12枝槲寄生，他需要再拿出4朵野花，才能拿完题目要求的所有原材料。此时一共是37件物品，这是最糟糕的情况。

[答案：37]

问题解析9.14　草莓

设这段路程的距离为 $x\,\mathrm{km}$。在去程，图利乌斯所花费的时间为

$t_A = \dfrac{s}{v} = \dfrac{x}{15}$ 小时，而返程时所花费的时间为 $t_R = \dfrac{s}{v} = \dfrac{x}{30}$ 小时。总路程包括去程和返程，为 $2x\,\mathrm{km}$，总时间为 $\dfrac{x}{15} + \dfrac{x}{30} = \dfrac{x}{10}$ 小时。则整个旅途里他的平均速度为

$$v = \frac{s}{t} = 2x \div \frac{x}{10} = 20\ \mathrm{km/h}。$$

[答案：20]

问题解析9.15 真烦人

凯厄斯·波努斯的胡子每分钟增长 $72 \div 12 = 6\,\mathrm{cm}$；而马库斯·萨卡普斯的胡子每分钟增长 $96 \div 8 = 12\,\mathrm{cm}$。设 x 为凯厄斯·波努斯的胡子开始增长后经过的时间，单位是分钟。则凯厄斯·波努斯的胡子长度将是 $6x\,\mathrm{cm}$。因为马库斯·萨卡普斯的胡子增长的时间为 $x - 4$，则他的胡子长度将是 $12 \cdot (x - 4)\,\mathrm{cm}$。因为他们胡子的长度一样，可以得到等式

$$6x = 12(x - 4)$$

可得 $x = 8$。因此当他们胡子长度一样时，该长度为 $6 \times 8 = 48\,\mathrm{cm}$。

[答案：48]

问题解析9.16 解药

设小锅的底部半径和高分别为 r 和 h。大锅的底部半径为小锅的 180%，其高为小锅的 170%。因此，大锅的底部半径和高分别为 $\dfrac{18}{10}r$ 和 $\dfrac{17}{10}h$。小锅的体积为 $V_p = \pi r^2 h$，大锅的体积为

$$V_P = \pi \left(\frac{18}{10} r\right)^2 \cdot \frac{17}{10} h。$$

因此它们的比例为

$$\frac{V_P}{V_p} = \frac{\pi \dfrac{324}{100} r^2 \cdot \dfrac{17}{10} h}{\pi r^2 h} = \frac{5508}{1000}。$$

［答案：5508］

问题解析9.17 抓住他们

由于第一和最后四个字母是固定的，所以还有7个字母需要重新洗牌，其中有2对，也就是两个C和两个F。一个有7个字母的单词的变形词有7! = 7 × 6 × 5 × 4 × 3 × 2个。但因为有2对同样的字母，所以需要平分两次，则可得

$$\frac{7!}{2 \times 2} = \frac{5040}{4} = 1260。$$

去除正确的那个单词，正确答案为1259。

［答案：1259］

问题解析9.18 在佩蒂博努姆军营中相遇

因为他们以同样的速度奔跑，因此假若他们会相遇，一定是在对角线上见面。为了计算出相遇的概率，即都到达对角线上一个特定顶点的概率，我们需要计算阿斯泰利克斯到达对角线的路线（对于帕诺哈米克斯来说是一样的）。

到达某个顶点的路线数量，等于与之连接通向该点的两个顶点上的数字之和。到达边缘的顶点只有一条路。左下方的第一个内部顶点有两

条路线(1 + 1)，依次类推。

由于到达对角线上的顶点的路线一共
有32条，则阿斯泰利克斯到达对角线最高
的第一个顶点相遇的概率为 $\frac{1}{32}$，然后是
$\frac{5}{32}$，$\frac{10}{32}$等。

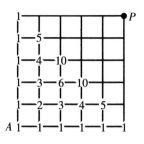

阿斯泰利克斯和帕诺哈米克斯在同一个顶点相遇的概率，等于两个
人到达同一个顶点的概率的乘积之和。因此，题目所求的概率为

$$\left(\frac{1}{32}\right)^2 + \left(\frac{5}{32}\right)^2 + \left(\frac{10}{32}\right)^2 + \left(\frac{10}{32}\right)^2 + \left(\frac{5}{32}\right)^2 + \left(\frac{1}{32}\right)^2$$

$$= \frac{1 + 25 + 100 + 100 + 25 + 1}{32^2} = \frac{252}{1024}。$$

约分后得到 $\frac{63}{256}$，答案为319。

[答案：319]

问题解析9.19 在蒙古

为了简化求和的过程，我们暂且假设每一个月份都有30天。则题
目所求的数字为

$$12 \times (1 + 2 + 3 + \cdots + 29 + 30)。$$

利用前 n 个自然数之和的公式 $12 \times \frac{30 \times 31}{2} = 6 \times 930 = 5580$。

此时我们需要减去二月多出的天数(30 + 29 = 59)，并加上7个有31
天的月份的31(7 × 31 = 217)。最终的结果为5580 − 59 + 217 = 5738。

[答案：5738]

问题解析9.20　最后的盛宴

　　鉴于这是一张圆桌，坐在阿斯泰利克斯两边的两个高卢人各吃了2只野猪，为了得到食客人数的最大值，每个人吃掉的野猪数量须是最少的。

　　由此可得，如果一个人吃了一只野猪，则下一个人吃了2只野猪，如此交替。每一对高卢人就吃了3只野猪，因为27÷3＝9对，则有18个围坐在桌前的食客。

　　对于这种吃1只野猪的人连着吃2只野猪的人以外的组合方式，例如有人吃了不只一只野猪，而是吃了3只野猪，食客的数量将会减少。因此，食客人数的最大值为18。

［答案：18］

A

竞赛的基本技巧

在初中数学竞赛中（包括个人赛和团体赛），很少需要超出正常课程所教授的知识[①]，事实上，往往只需要多一点的运算就能解决问题，但是需要有直觉和想象力。

无论如何，一些帮助解题的技巧还是有用的。有时，如果不知道正确的技巧，一个问题可能需要过多的计算，或者根本无法解出答案。

在接下来的内容里，我们将以一种非常综合的方式介绍其中的一些技巧。其中一些仅仅是关于如何将十分常见的知识用于实际应用的提示，从三角形的内角和到质因数分解。其他则是非常简单的公式，不属于正常学校课程的一部分，例如特定数字序列的总和。只有在少数情况下，我们会展示这些技巧的推理过程。而每个主题都有具体的例子和本卷中的问题作为参考。

不过，我们重申，没有直觉和想象力，技术都不可能有效，而直觉和想象力无法教授，但可以训练。归根结底，真正教人解决问题的是……解决问题本身！换句话说，经验加上迎难而上的决心。

A.1　前 n 项求和

运用在碰巧需要把长序列的数字求和的情况。当然，可以逐项进行求和，但运用一些技术和公式可以简化运算过程。

[①] 对于高中的竞赛，情况有所不同，尤其是对于更高级阶段，需要有深入的知识。这些主题在这本丛书的其他卷中展开说明，其中的部分内容对于准备初中数学竞赛也是十分有趣的。我们特别推荐 M. Trombetta 的《组合微积分》和 C. Càssola 的《数学竞赛中的平面几何学》。

· 前 n 个自然数之和

前 n 个自然数之和可以由以下公式得出

$$1 + 2 + 3 + \cdots + (n-1) + n = \frac{n \cdot (n+1)}{2} 。 \tag{1}$$

为了了解原理，我们将第一个加数与最后一个加数相加，第二个加数与倒数第二个加数相加，以此类推。

$$1 + 2 + 3 + \cdots + (n-2) + (n-1) + n$$

结果总是 $n+1$，在 n 为偶数的情况下，这种情况有 $\dfrac{n}{2}$ 次。当 n 为奇数时，可以通过一些代数的调整，来得到类似的推论。

这也值得给出一个示范（这归功于约翰·卡尔·弗里德里希·高斯，在他还是个孩子的时候就发现了这个推论）。将加数正着写一遍，反着写一遍，可以得到和

$$
\begin{array}{ccccccccc}
1 & + & 2 & + & \cdots & + & (n-1) & + & n \\
n & + & (n-1) & + & \cdots & + & 2 & + & 1 \\
\hline
(n+1) & + & (n+1) & + & \cdots & + & (n+1) & + & (n+1)
\end{array}
$$

总数是由等于 $(n+1)$ 的 n 个加数组成的，即 $n \cdot (n+1)$，但这是我们需要求的总和的两倍，所以我们所求和的结果是 $n \cdot (n+1) \div 2$。

得到的数字（1，3，6，10，…）被称为三角形数，因为它们可以通过三角形的形式表现，首先放一个圆点，然后是紧接在下面放两个，然后是三个，以此类推。

利用这个公式，我们也可以计算出任何特定数字 a 的前 n 个倍数的总和。只需应用分配律。

$$a \cdot 1 + a \cdot 2 + \cdots + a \cdot n = a \cdot (1 + 2 + \cdots + n) = a \cdot \frac{n \cdot (n + 1)}{2}。 \quad (2)$$

♣ 本书中的问题：2. 16，2. 18，3. 5，4. 1，9. 19。

· 前 n 个奇数之和

回顾一下，奇数是通过在偶数上加减 1 得到的。尤其是前 n 个奇数之和可以由以下公式得出

$$1 + 3 + 5 + \cdots + (2n - 3) + (2n - 1) = n^2 \quad (3)$$

事实上，通过将第一个加数与最后一个加数相加，第二个加数与倒数第二个加数相加，以此类推，其和总是 $2n$，这种情况有 $\frac{n}{2}$ 次。因此，

$$2n \cdot \frac{n}{2} = n^2。$$

这也可以通过图片来证明。1 个号牌的侧面有 3 个号牌，组成一个 2 × 2 的正方形，5 个号牌可组成一个 3 × 3 的正方形，最后 7 个号牌得到一个 4 × 4 的正方形。这样继续下去，当加上第 n 个奇数时，就会得到一个 $n \times n$ 的正方形。

♣ 本书中的题目：1. 17。

· 前 n 个自然数的乘方之和

有一些公式可以快速计算前 n 个自然数的乘方之和。我们仅引用那些在初中竞赛中使用的平方和以及立方和的公式，而不作推理示范说明。

$$1^2 + 2^2 + 3^2 + \cdots + n^2 = \frac{n(n+1)(2n+1)}{6}; \qquad (4)$$

$$1^3 + 2^3 + 3^3 + \cdots + n^3 = \left(\frac{n(n+1)}{2}\right)^2 \text{。} \qquad (5)$$

♣ 本书中的问题：4.4，7.14，7.18。

· **数列**

等差数列和等比数列，是一个非常丰富的主题，可以在高年级以及竞赛准备后期中展开学习。我们在此仅限于提供定义，以及一些有用的公式。

一个等差级数是一串自然数 a_1，a_2，...，a_n，… 的序列，相连的两项之差是一个常数。例如，3，9，15，21，… 是一个等差数列，其中公差（即每项的增量）是6。

要求出序列中的第 n 项，只需将第一项的值加上 $(n-1)$ 与公差的乘积。例如，上述数列的第10项是 $3 + 6 \times (10 - 1) = 57$。

为了计算一个算术级数的前 n 项之和，我们可以利用上文已经使用过的技巧，即以下公式

$$a_1 + \cdots + a_n = n \cdot \frac{a_1 + a_n}{2} \text{。} \qquad (6)$$

在这之中，我们很容易发现，这是在计算第1项和第 n 项之间的算术平均值的 n 倍。计算例子中序列的前10项之和，我们可以得到

$$3 + 9 + 15 + \cdots + 51 + 57 = 10 \cdot \frac{3 + 57}{2} = 300 \text{。}$$

等比数列是一个由数字组成的序列，其中相连的两项之比是一个常

数。每一项都是由前一项乘以一个固定的数字而得到的，这个数字是公比。如果我们用字母 r 表示公比，第 n 项则等于 $a_1 \cdot r^{n-1}$。

例如，$4 \times 3^0 = 4$，$4 \times 3^1 = 12$，$4 \times 3^2 = 36$，$4 \times 3^3 = 108$，⋯是一个等比数列，其第1项是4，公比是3。第10项是 $4 \times 3^{10-1} = 78\,732$。值得注意的是，等比数列（首项为1）是同一数字的乘积，如1，5，5^2，5^3，⋯

首项为 a_1，公比为 r 的等比数列的前 n 项之和等于下列这个公式

$$a_1 + \cdots + a_n = a_1 \cdot \frac{r^n - 1}{r - 1} 。 \tag{7}$$

利用这个公式，求上述例子中的等比数列前10项之和可得 $4 \times \dfrac{3^{10} - 1}{3 - 1} = 118\,096$。

♣本书中的问题：4.3，6.13，7.18。

· 巧妙组织加数

通常情况下，面对庞大的计算序列，我们需要训练观察能力。例如，当出现不符合上述情况的求和时，就很难真正按要求将所有的加数一个接一个相加了：通过合理利用运算的性质，我们常可以使用更简单的运算或已学过的公式来得出结果。让我们举几个例子来一探究竟：

$$1 - 2 + 3 - 4 + 5 + \cdots + 2011 - 2012 + 2013$$
$$= 1 + (-2 + 3) + (-4 + 5) + \cdots + (-2010 + 2011) + (-2012 + 2013)$$

括号里的每个和都是1。除了第一个加数，还有的加数数量等于从2到2012的偶数数，即1006。因此，一共是1007。

另一个例子如下：限定 $S = 1 + 2 + 4 + 5 + 7 + 8 + 10 + \cdots + 98 + 100$，即数字1到100（除3的倍数）之和。为了方便起见，我们将3的倍数加入

到公式里，再将其减去，以方便后续使用公式（1）和公式（2）

$$S = 1 + 2 + 4 + 5 + 7 + 8 + 10 + \cdots + 98 + 100$$
$$= 1 + 2 + 3 + 4 + \cdots + 99 + 100 - 3 - 6 - 9 - \cdots - 99$$
$$= 1 + 2 + 3 + 4 + \cdots + 99 + 100 - 3(1 + 2 + 3 + \cdots + 33)$$
$$= \frac{100 \times 101}{2} - 3 \times \frac{33 \times 34}{2} = 5050 - 1683 = 3367。$$

♣ 本书中的问题：8.1。

A.2 数位的问题

有些问题涉及给定数位的数字。这些情况下往往需要使用多项式，它明确显示了数位的数值。

我们来看一个例子[①]：一个两位数的数字，如果调换它的数位，数值就会增加20%，这个数字是多少？最简单的是，先写出数字 $\overline{ab}$ = $10a + b$，然后建立方程

$$(10a + b) \times \frac{120}{100} = 10b + a。$$

计算的结果是 $5a = 4b$，由于 a 和 b 是数位，即小于10，唯一可能的值是 $a = 4$ 和 $b = 5$。

♣ 本书中的问题：1.5，2.20，3.7，3.8，3.9，4.11。

A.3 算术平均数

学生们对于算数平均值[②]都非常熟悉，因为这和他们的成绩息息相

---

① 2012年3月7日的线上竞赛题目。
②其他类型的平均数，如谐波平均值和几何平均数，只出现在高中的竞赛里。

关。然而，涉及算术平均值的非常简单的问题却显得尤为困难，这是因为他们漏掉了一个十分细微的观察：如果 n 个数字的平均数是 M，那么这些数值的总和是 $n \cdot M$。换言之，不需要知道每一项的数值就能求出它们的综合，只需要将它们都等同于平均数去计算。

举一个例子[①]：在一个笼子里有 5 只鹦鹉，其平均价格为 60 欧元。有一天，最漂亮的那一只飞走了，剩下的鹦鹉的平均价格变成了 50 欧元。飞走的那只鹦鹉的价格是多少？

在最漂亮的那只虎皮鹦鹉逃跑之前，这些鹦鹉的总价是 $60 \times 5 = 300$ 欧元，逃跑之后变成了 $50 \times 4 = 200$ 欧元，所以逃跑的那只鹦鹉价格是 100 欧元。

♣ 本书中的问题：4.13，5.7，8.2。

A.4 善用因式分解

将数字分解成质因数这一技巧对于解决许多问题都很有用。让我们看一些例子。如果 $(a + 1)(b + 1)(c + 1) = 85$，$a$，$b$ 和 c 是自然数，那么 $a + b + c$ 是多少？因为 $85 = 5 \times 17$，所以必然有 $a + 1 = 5$，即 $a = 4$，$b + 1 = 17$，即 $b = 16$，$c + 1 = 1$，即 $c = 0$，由此可知 $a + b + c = 20$。

三个连续数字的乘积是 1953000。请问这三个数字中最小的是什么？我们来分析一下这个数字：$1953000 = 2^3 \times 3^2 \times 5^3 \times 7 \times 31$。我们观察到 $100^3 = 1000000 < 1953000$，因此题目所求的数字必然大于 100。在三

---

①2012年10月10日的线上竞赛题目。

个连续的数字中，只有一个能被5整除，我们可以得出结论，三个数字中的一个必须是 $5^3 = 125$。由于 126 是 125 旁边唯一能被 7 整除的数字（$126 = 2 \times 3^2 \times 7$），剩下的那个因数为 124，1953000 等于 $124 \times 125 \times 126$ 的乘积，因此答案为 124。

♣ 本书中的问题：1.20，2.11，2.12，4.14，5.9，6.16，7.12，8.18，9.2。

·尾数的 0

当且仅当一个数是 10 的倍数时，即如果它的因式分解中至少有一个因数 2 和一个因数 5，这个数以 0 结尾。例如，如果一个数字包含 $2^8 \cdot 5^8$（甚至包括其中一个因数的指数更大的情况，但不能两个因数都这样），则这个数字以 8 个零结尾。

要确定一个非常大的数字（例如许多因数的乘积）的尾数有多少个 0，不一定要完全将其因数分解，而如果因数 2 的个数较多，只需要求出因数 5 的个数。

让我们看一个例子①。在数字 $25^{1007} \cdot 8^{670}$ 中，只出现了因数 2 和 5。通过计算有多少个 $2 \cdot 5$ 的乘积，可以得到数字的尾数有多少个 0，通过剩余的因数，还可以得到非 0 的数位的个数。

$$25^{1007} \cdot 2^{2010} = 5^{2014} \cdot 2^{2010} = 5^4 \cdot (2 \cdot 5)^{2010} = 625 \cdot 10^{2010}。$$

找到这一点后，就有可能推导出数位的个数，或者它们的总和（原题所求的部分）。

♣ 本书中的问题：2.8，9.8。

---

① 2014 年 2 月 19 日的线上竞赛题目。

约数的个数

确定一个也许很大的自然数的约数的个数，可能乍一看很困难。但我们可以利用因数分解来做。这个自然数因数的个数等于它分解质因数后各质因数指数加1的和的乘积。

举个例子，120的约数的个数是这么计算的：分解质因数$120 = 2^3 \cdot 3 \cdot 5$。指数是3，1和1，那么约数的个数可由下式得出$(3 + 1) \times (1 + 1) \times (1 + 1) = 16$。

让我们给大家介绍一下为什么会这样。一个数字的约数，在分解质因数时可以有指数为3，2，1或0的因数2（4种可能性）。同样，对于因数3和5来说，也有2种可能性。有一点不能忘记，每个因数出现0次的情况，对应约数1。将所有这些可能性相乘，得出$4 \times 2 \times 2 = 16$。

♣本书中的问题：2.12。

A.5 乘方的特性

一直以来，以课堂上学习的乘方的特性作为基本工具来解决计算问题，乍看之下是十分复杂的。举个例子：

$$\frac{(16 \cdot 16^2 \cdot 16^3 \cdot 16^4 \cdot 16^5 \cdot 16^6)^2}{(2 \cdot 2^2 \cdot 2^3 \cdot 2^4)^{16}} = \frac{(16^{21})^2}{(2^{10})^{16}} = \frac{2^{4 \cdot 21 \cdot 2}}{2^{160}} = \frac{2^{168}}{2^{160}} = 2^8 = 256。$$

♣本书中的问题：2.1，3.15，7.4，8.11。

而且，乘方也有非常有趣的特性。

乘方的幂的最后几位数显示出令人惊讶的规律性，可以解答很多看似不可能的题目，如"2017^{2018}的最后一位数字是什么？"

我们首先观察一下（从乘法列式可以更好理解这一点），一个幂的最后一位数字只取决于个位数的乘积。所以 2017^2 的最后一位数字是 9，这是通过 $7 \times 7 = 49$ 计算而来的。

$$\begin{array}{r} 2017 \\ \times\quad 7 \\ \hline 14119 \\ 7 \\ \cdots\cdots \\ \cdots\cdots \\ \cdots\cdots 9 \\ \hline \end{array}$$

因此，再举一例，对于 2017^3，$2017^3 = \cdots9 \times 2017$，它的最后一位数由 9 乘以 7 而得，因此是 3，而 2017^4 的最后一位数是 1，所以 2017^5 的最后一位又是 7！

从这一点上看，很明显可得幂的最后一位数字以 4 个数字的序列重复：7，9，3，1。特别是，指数是 4 的倍数的幂，最后一位数字总是 1。为了求出 2017^{2018} 的最后一位数字，我们需要进行除法运算 $2018 \div 4$，得到商 504 和余数 2，则最后一位数字是 9。

我们已经看到了个位数为 7 的数字的幂的情况。在其他情况下会发生什么？会不会再发生最后几个数字按周重复的情况？我们立即观察到，如果一个数字以 5 结尾，那么它的所有幂都以 5 结尾，同样的情况也发生在以 6 结尾的数字上，当然还有以 0 和 1 结尾的数字。

我们观察底数为 2 的乘积：$2^1 = 2$，$2^2 = 4$，$2^2 = 8$，$2^4 = 16$，$2^5 = 32$。这里也是如此，在四个乘方之后最后一位数字按照一个序列重复。同样地，我们可以看到 3 的乘积的最后一位数以 3—9—7—1 的周期不断重复。类似的循环发生在以 7 和 8 为基数的幂上。而以 4 为底数的乘方每两个重复一次（最后一位数字将以 4 或 6 交替），以及以 9 为底数的乘方（最后一位数字是 9 或 1）。

这些周期可归纳为下表。

指数	最后一位数
1	0 1 2 3 4 5 6 7 8 9
2	0 1 4 9 6 5 6 9 4 1
3	0 1 8 7 4 5 6 3 2 9
4	0 1 6 1 6 5 6 1 6 1

(8)

例如，一个以8结尾的数字，其三次方的最后一位数是2（在这种情况下，我们可以通过明确地计算$8^3 = 512$来验证）。对于接下来的乘方，需要看指数除以4的余数，如果这个余数是0，必须看指数为4的那一行。8^4的最后一位数是6，8^5的最后一位数是8，然后新的一轮重新开始……8^{2019}的最后一位数是2，因为$2019 \div 4 = 504$，余数为3。

♣ 本书中的问题：9.5。

· 平方根

由于在比赛中不能使用计算器，所以很少有需要计算困难的平方根的地方。但是，如果有，有一个不需要完全随机试算的方法。

首先，需要熟记所有一位数的完全平方数，但也须要记住一些两位数，至少在20以内的完全平方数。然后我们观察到，如果一个数字有3或4个数位，它的平方根肯定是两位数。一个有五位或六位数字的平方根肯定是三位数，以此类推。

以一个六位数为例：427716。我们把数位两两分组：42|77|16。第一对是42，比36大一点，所以百位数会是6。此外，42几乎处在36和49中间的位置，所以十位数可能是4或5。最后一个数字是6，可能是4或6的平方。将这些数字相乘，会发现$\sqrt{427716} = 654$。

♣ 本书中的题目：3.6。

A.6 最小公倍数和最大公约数

每本初中教科书都解释了什么是两个或多个数字之间的最小公倍数（m. c. m）和最大公约数（M. C. D.），以及如何利用其分解为质因数来计算它们。

这两个概念在数学游戏中的应用很多，它们经常出现在解题的最后一步计算中。

以下是一个经典案例。厄洛斯跑5圈跑道用了12分钟，詹尼在10分钟内跑了3圈。如果他们同时出发，多少分钟后他们会在同一时间经过终点线？换算成秒，我们发现厄洛斯用 $12 \times 60 \div 5 = 144$ 秒跑完一圈，詹尼用 $10 \times 60 \div 3 = 200$ 秒。因此，时间在每一个144的倍数时，厄洛斯会经过终点线，时间在每一个200的倍数时，詹尼会经过终点线。经过的时间为公倍数时，它们会一起经过终点线，最小公倍数代表他们第一次一起经过终点线，即在 m. c. m.（144，200）=3600秒之后。

反之，M. C. D. 则适用于以下情况：劳拉要做珍珠项链。她有120颗蓝珍珠、144颗红珍珠和200颗绿珍珠。如果她想尽可能地多做一些项链，且每条项链使用的不同的颜色的珍珠个数一样，她能做多少条？

项链的数量必须是这三个数字的公约数（为了不用更多的珠子），但也必须是最大的（为了不要剩余珍珠），即正好是M.C.D.(120，144，200)= 8。

另一个例子。一位农妇将鸡蛋带到市场。已知如果她2个2个地数鸡蛋，会剩余1个；3个3个地数，会剩余1个；4个4个地数，会剩余1个；5个5个地数，会剩余1个；6个6个地数，还是剩余1个。农妇至

少有多少个鸡蛋？如果我把总是剩余的鸡蛋剔除，结果是

m.c.m.(2，3，4，5，6) = 60。农妇至少有61个鸡蛋。

有一个非常有趣和有用的特点，即使只是为了计算也很实用，即：

$$m.c.m(a，b) \cdot M.C.D.(a，b) = a \cdot b。$$

我们还需要记住，如果 a 和 b 是连续的数字，那么 M.C.D.$(a, b) = 1$。如果 a 是 b 的倍数，那么 M.C.D.$(a, b) = b$，m.c.m.$(a, b) = a$。

♣ 本书中的题目：4.9，6.2。

A.7 代数技巧

在计算数值时，一些代数技巧是非常有用的，因为它们可以在进行计算之前将计算进行转换，或许可以简化运算。

当然，方程是用于解题的最主要的代数工具，但并不是只有三年级的学生会遇到代数问题：经常还有很多不需要用到方程的解题方法。

使用方程的困难之处不在于解方程的过程（这其中需要的技巧学生都知道），而在于将问题转化成方程。在一些不常见的情况里，需要解的是分数方程，即分母中含有未知数（如1.8），或有两个或更多的未知数（如1.14）。

一个经典的技巧是对方程本身进行加减。例如这个问题：已知一个牧场里有牛、马和羊。除去牛，有12只动物，除去马，有22只动物，除去羊，有26只动物。每种类型的动物各有多少只？概括这些数据，写出它们之间的关系：

好玩数学

$$C + P = 12, \quad M + P = 22, \quad M + C = 26,$$

三个等式各有两个未知数的方程，要解出它们似乎很困难。相反，我们只需要所有的关系相加，得到 $2M + 2C + 2P = 60$，由此可以得到 $M + C + P = 30$。利用减法 $30 - 12 = 18$，可以得出牛的数量，以此类推。

通常情况下，我们认为，通过直观地移动可以解决问题，即使这些情况没有理论论述。

♣ 本书中的问题：1.8，1.14，2.5，2.6，2.13，2.15，4.16，4.17，4.18，5.10，5.14，6.8，6.9，6.20，7.21，8.5，8.13，9.15。

· 提取公因式

在自然数的属性中，有一个分配律公式，即 $a(b + c) = ab + ac$。

提取公因数仅仅意味着逆向使用这种分配属性，在加法里出现的每一个加数里找出因数，例如我们做过的公式演示，自然数的前 n 个数之和的公式。

以下是一个非常实用的例子，提取公因式大大降低了计算的难度。

$$\frac{3^2 - 3}{2} + \frac{4^2 - 4}{3} + \cdots + \frac{500^2 - 500}{499} + 3$$

$$= \frac{3(3 - 1)}{2} + \frac{4(4 - 1)}{3} + \cdots + \frac{500(500 - 1)}{499} + 3$$

$$= 3 + 4 + \cdots + 500 + (1 + 2),$$

计算的答数是前 500 个自然数的总和。

或者要计算出以下答数：

$$101 \times 100 - 100 \times 99 + 99 \times 98 - \cdots + 3 \times 2 - 2 \times 1,$$

将各项两两配对并提取公因式：

$$100 \cdot (101 - 99) + 98 \cdot (99 - 97) + \cdots + 2 \cdot (3 - 1),$$

然后提取括号中的所有答数 2：

$$2 \cdot (100 + 98 + 96 + \cdots + 2) = 2 \times 2 \times \frac{50 \times 51}{2} = 5100$$

♣ 本书中的题目：1.17，9.12。

· 平方差

在学习代数的过程中，所有显而易见的乘积都在简化数值计算和代数运算时起到了很大的作用。在众多方法中，平方差 $a^2 - b^2 = (a + b)(a - b)$ 最为常用。例如，我们可以计算出：

$$2017^2 - 2016^2 = (2017 + 2016)(2017 - 2016) = 4033 \times 1,$$

或者我们可以将其分解为可以看作因数的平方和：

$$9999 = 10\,000 - 1 = 100^2 - 1 = (100 + 1)(100 - 1) = 101 \cdot 99。$$

A.8 列式

所有的学生都很熟悉列式计算，但很少思考操控它们的机制，而这对于挖掘信息是十分有用的。

没有可以解释的具体的技巧，只需要观察和读懂列式和进位，就能帮助解决各种问题。例如，频繁出现的所谓密码计算，其中每个符号或字母对应不同的数字，反之亦然。

举一个例子：在图中所示的运算里，已知 $H = 8$，$M = 9$，数字 5 不出现，那么数字 DIX 的最大值是多少？我们立即

$$\begin{array}{r} DIX \\ + HUIT \\ \hline MATH \end{array}$$

观察到，百位数的那一列，必须产生一个进位，才能得到以9作为千位数的结果。为了求出最大值，我们尝试将 $D = 7$。I 的最大可能是6，但 $6 + 6 = 12$，则 $T = 2$，这使得在第一列 X 是6，但数字6已经被使用了。如果使 $I = 4$，可得 $T = 8$，这个结果又有重复的数字。如果使 $I = 3$，运算则变成了 $732 + 8436 = 9168$。由此可得，找到正确的"切入点"，考虑进位的情况，并进行适当的推论是至关重要的。

♣ 本书中的问题：3.10，3.16，6.1，7.1，7.13。

A.9 有余数的除法

早在小学时，所有的学生都学会了进行有余数的除法，将其写成 $a \div b = q$ 余 r 的形式。例如，$27 \div 4 = 8$ 余 3。实际上，除法的最佳写法总是 $a = b \cdot q + r(0 \leqslant r < b)$。从小学起，学生们就通过重建被除数来检验计算得出的结果。

对于设置含有一个或多个除数、被除数、商或余数是未知量的问题，这种写法无疑更有效。

在问题中，除法的余数可以成为寻找解题的一个非常有用的工具。例如，在集合 $A = \{1, 2, 3, 4, \cdots, 20\}$ 中，有多少对 (a, b) 满足 $a + b$ 是3的倍数这一条件？

通过观察每个除以3的数字余数为0，1或2的数字，计算就会变得简单。在一对数字中，如果第一个数字是3的倍数，即有余数0，那么第二个数字也必须是3的倍数。由于集合 A 有6个3的倍数，则满足条件的有 6 × 6 = 36 对。然而如果第一个数字有余数 1，另一个数字必须有余数 2，反之亦然。余数为 1 和余数为 2 的数字都有 7 个，所以第一种类型有 7 × 7 = 49 对，第二种类型的对数也是如此。总共有 36 + 49 + 49 = 134 对。

♣ 本书中的题目：1.4，1.16，3.4，4.9，4.18，4.19，6.6，6.15，7.8。

A.10 关于百分比的观察

百分比在初中竞赛中出现的频率很高，在学校的课本中也常常涉及。本节中，我们只给出一些建议。

学生们往往只通过比例来计算百分比。可惜这并不是最简便的方法，尤其是有时需要建立一个方程式的。百分比往往可以写成分数或小数形式，例如，x 的 30% 是 $\dfrac{30}{100}x$ 或 $0.3x$。

从这一点出发，请记住，计算百分比的方法是将它们的分数（或其各自的小数）相乘。例如，30% 的 x 的 40% 是 $\dfrac{40}{100} \times \dfrac{30}{100} \cdot x$，则计算 40% 的 30% 也同样如此。

百分比的增加和减少也可以用一个单独的运算表示。

如果一件商品打了 20% 的折扣，我们可以直接计算初始价格的 80%，而不是计算出价格的 20% 再做减法，换句话说，折扣后的价格等于初始价格 × 0.8。同样，如果一个数字 x 增加了 25%，新的数值是

$$\frac{125}{100}\,x\text{ 或 }1.25x。$$

举一个例子，如果一个矩形的边长分别增加20%，30%和40%，其体积增的加百分比是多少？设矩形的最初的边长分别为 a，b 和 c，则体积为 abc。则矩形增加的体积为

$$V_{增} = \left(a \cdot \frac{120}{100}\right) \cdot \left(b \cdot \frac{130}{100}\right) \cdot \left(c \cdot \frac{140}{100}\right)$$

$$= \frac{273}{125}\,abc = \left(1 + \frac{148}{125}\right)abc,$$

由此，我们可以推导出，体积增加的百分比为 $148 \div 125 = 118.4\%$。

A.11　组合计算

组合计算的目的是计算一个集合中的物品。当问题以"多少"开头，正确计算答案的方法是这门学科教授的技术之一。下面的段落将介绍一些基本技术。

·数手指

当涉及"小"的数字，仅仅通过列举这些元素来计算是很方便的。例如：在1000和2000之间，包括1000和2000，有多少个数字可以被250整除？把这些数字都写下来：1000，1250，1500，1750和2000，然后数有多少个。有5个。当然，如果问题是"1000和2000之间有多少个数字可以被15整除？"，那就不能通过直接列举和计数来解题。这种情况下，就需要使用一些别的技巧。

涉及"计算"所有可能性时，系统地思考和解题就显得尤为重要

了。例如，有多少个四位数的整数，其数位之和是3？让我们按顺序操作：如果第一个数字是1，其他数字要么是1，1和0，对应的数字是1110，1101和1011（每次把0放在不同的地方）；要么是2，0和0，对应的数字是1200，1020，1002。如果第一个数字是2，那么其他数字必须是1，0和0，对应的数字是2100，2010，2001。最后，第一位数为3，符合题意的只有3000。

♣ 本书中的题目：1.7，1.9，1.12，4.5，4.11，7.3，7.6，7.8，8.14，9.1。

· 可能性相乘

组合计算的基本原则是：如果第一选择有 n 种可能性，第二选择有 m 种可能性，那么选择的可能性一共有 $n \cdot m$ 种。

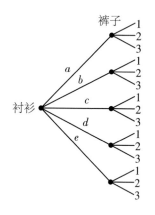

只需要思考一下这个例子：如果我有5件衬衫和3条裤子，那么我可以有 $5 \times 3 = 15$ 套不同穿搭，因为每件衬衫可以搭配3条裤子中的任何一条。

为了将这一原则应用于稍微不那么平常的情况，我们不妨将不同的选择视为盒子，并将其与可能性的数量联系在一起。

例如，加入我们想知道有多少个三位数，其数位都是偶数且彼此不同，对于百位数的数字，我们可以在2，4，6，8之中选择（不是0，否则只有两位数）。

在第二个位置，我们可以选择0，但不能选第一个位置上的数字。对于个位数上的数字，我们可以从剩下的3种可能性中选择。则符合题意的数字一共有 $4 \times 4 \times 3 = 48$ 个。

4种可能性   3种可能性

4种可能性

♣ 本书中的问题：2.4，3.8，4.6，7.6，7.9，7.16，9.4。

· 可能性相加

可能会遇到这种情况，问题被分为不同的情况。答案是各个情况的可能性之和。例如，有多少个三位数能被5整除，且数位之和为10？我将问题分为两种情况：以0结尾的数字，前两位数的和必须是10，因此可以是9和1，8和2，7和3，…，1和9（9种情况）；以5结尾的数字，前两位数的和必须是5，所以可以是5和0，4和1，3和2，2和3以及1和4（5种情况）。符合题意的数字一共有 $9 + 5 = 14$ 个。

· n个符号的排列组合

最经典的排列组合的例子是变位词（译者注释：变移单词或句子中字母位置构成另一单词或句子）。我们先讨论所有字母都不同的情况。

例如，要计算"casi"的变位词的数量，在第一个位置有4种可能性（c，a，s，i中的一种），在第二个位置有3种可能性（除去第一个位置的所有字母），在第三个位置有2种可能性，在第四个位置只有1种可能性。应用可能性相乘的原则，我们得到 $4 \times 3 \times 2 \times 1 = 24$。

同样地，一个5个字母的单词的变位词个数是 $5 \times 4 \times 3 \times 2 \times 1 = 120$。小于及等于 n 的所有自然数的乘积是 $n! = n \cdot (n-1) \cdot (n-2) \cdots 2 \cdot 1$（读作"$n$ 的阶乘"），结果是一个 n 个字母的单词的变位词个数，但字母互不相同。

另一种计算方法如下。很明显，两个字母有两种排列组合（且 2 = 2!）。对于三个字母的单词，它的第一个字母有 3 种选择，其他的两个字母有 2 种排列方式，即 3 × 2 = 3!。对于四个字母的单词，它的第一个字母有 4 种选择的可能性，其他三个字母有 3! 种可能的排列方式，一共有 4 × 3! = 4! 个变位词。

♣ 本书中的问题：4.6，7.16，9.17。

· n 个符号的排列组合，其中有些符号是相同的

现在，让我们尝试计算一下 "casa" 这个词的变位词的个数。假设将这两个 "a" 区分开来，称之为 a_1 和 a_2。因此，ca_1sa_2 这个词的变位词个数是 4! 个。但是，只因两个 "a" 交换而不同的变位词实际上是相同的，因此它们被计算了两次，所以总数必须除以 2："casa" 的变位词个数是 24 ÷ 2 = 12。

（"casa" 在意大利语是 "房子" 的意思。——译者注）

现在，让我们思考一下 "babbo" 这个词。这种情况，总数 5! = 120，需要除以 3 个 "b" 的排列组合的数量，因为在 3 改变位置的情况下这个单词不变。因此 "babbo" 的变位词个数是 $\dfrac{5!}{3!}$。

（"babbo" 在意大利语是 "爸爸" 的意思。——译者注）

对于单词 "caccia"，它包含了 2 个 "a" 和 3 个 "c"，其排列组合的数量等于总数 6! 除以 2! 和 3!，其中 2! 是 "a" 的排列组合数量，"3!" 是 "c" 的排列组合数量；最后得到

好玩数学

$$\frac{6!}{2! \cdot 3!} = \frac{6 \cdot 5 \cdot 4 \cdot \cancel{3!}}{2 \cdot \cancel{3!}} = \frac{6 \cdot 5 \cdot \cancel{4}^{2}}{\cancel{2}} = 60 。$$

排列组合也可用于看似与变位词无关的情况。例如，在问题 1.12 中，为了计算出有多少种方法可以从两步跳到四步，从一步跳到八步，我们可以计算"单词"221111的变位词，其数量为

$$\frac{6!}{2! \cdot 4!} = \frac{6 \cdot 5 \cdot \cancel{4!}}{2! \cdot \cancel{4!}} = \frac{6 \cdot 5}{2} = 15 。$$

♣ 本书中的问题：1.12，1.18。

· 握手和多边形的对角线

现在我们来看两个著名的公式，它们也可以看作是在计数过程中变通的例子。其实，其根本始终是可能性乘法原则。

举一个经典的例题。在一个聚会上，有20个人在场，如果每个人都和其他人握手，那么有多少次握手？20人中的每个人都与其他19人握手，但每次握手都要计算两次，所以次数为 $\frac{20 \times 19}{2} = 190$。

有一个常用公式 $\frac{n \cdot (n-1)}{2}$，可适用于连接 n 个点的线段数量以及其他类似情况。

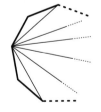

用类似的方法可以计算一个有 n 条边的多边形的对角线。每个顶点都与所有其他顶点相连，它自己和它左右的顶点除外（与之相连的是边，而不是对角线），所以以每个顶点为起点，有 $n-3$ 条对角线。同样，将顶点数与每个顶点能连接的对角线数量相乘，每条对角线会被计

算2次，因此得到的公式为 $\dfrac{n \cdot (n-3)}{2}$。

♣本书中的问题：6.19。

A.12　塔塔利亚三角形（杨辉三角）

塔塔利亚三角形（或称为帕斯卡尔三角形）如图所示，它是一座具有惊人特质的宝矿。它是这样得到的：在前两行写完三个1后，下一行的每个数字都是由它上面的数字相加得到的（在图中，3是由2＋1得到的），而在两端总是1。

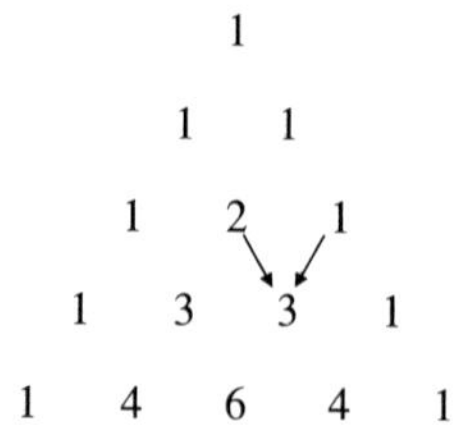

```
            1
          1   1
        1   2   1
      1   3   3   1
    1   4   6   4   1
```

可能用来解题的应用之一是网格上的路径数量。例如，在图中所示的网格上，需要计算从A到B，且不经过C的路径数量。图中已经显示了计算结果的数字，每个数字都是利用塔塔利亚三角形的规则，将进入该节点的路径数字相加而得的。

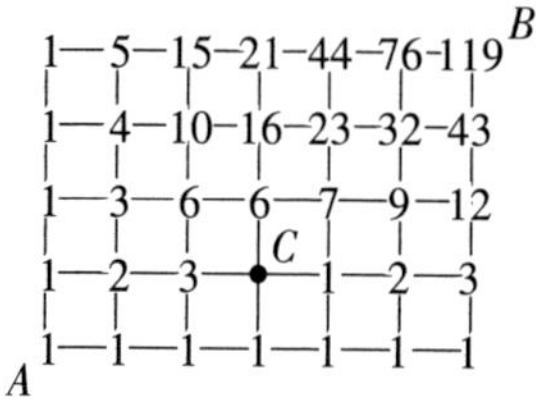

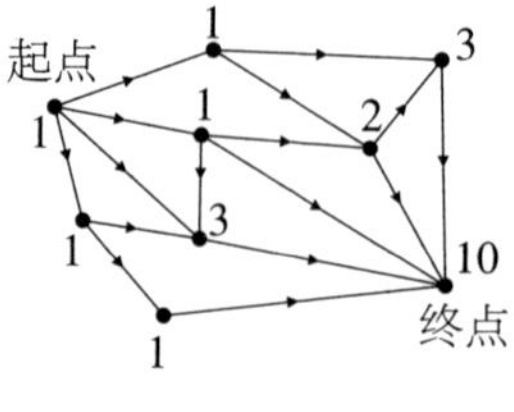

```
1—5—15—21—44—76—119  B
|  |   |   |   |   |   |
1—4—10—16—23—32—43
|  |   |   |   |   |   |
1—3—6—6—7—9—12
|  |   |  C   |   |   |
1—2—3—3—4—5—6
|  |   |   |   |   |   |
1—1—1—1—1—1—1
A
```

只要路径的方向是明确的，这个基本原则也可以扩展到不同类型的网格，例如图中所示的网格。例如，从起点到达终点，能够验证有10条不同的路径。塔塔利亚三角形还有许多其他令人惊讶的特性，我们在本书中将不再对其讨论。

（杨辉三角形，或称帕斯卡尔三角形，意大利人称之为"塔塔利亚

　　　　　　　　　　　　　　　　好玩数学

三角形"（Triangolo di Tartaglia），以纪念在16世纪发现一元三次方程式解的塔塔利亚。——译者注）

A.13 最坏的情况

应用"最坏情况"概念的两个经典的著名谜题十分相似。抽屉里有10只白袜子和10只黑袜子，假若你在黑暗中打开抽屉，拿出袜子，请问至少要拿出多少只袜子，才能确保：（1）至少有2只相同颜色的袜子？（2）至少有到2只不同颜色的袜子？

在这两种情况中，我们必须设想最坏的情况。对于第一个问题，最坏的情况是拿出两只不同颜色的袜子；第3只袜子的颜色只能是已拿出的两种颜色中的一种。对于第二个问题，答案是11：如果很不走运，我会先拿出10只颜色相同的袜子，第11只袜子只能是不同颜色的，这样就完成目标了。

我们再举一个例子：在阿基米德理科高中，80%的学生数学好，75%的学生体操好，70%的学生英语好。那么，这三门学科都好的学生的最低比例是多少？我们先只考虑数学和体操：最坏的情况是重叠部分很小，即20%不擅长数学的学生擅长体操。因此，那些这两门学科都擅长的学生占比是75% - 20% = 55%。现在我们需要看看与那些英语好的人的最低重合度是多少。在最坏的情况下，100% - 55% = 45%的人英语好，所以70% - 45% = 25%的人三门功课都好。

♣本书中的题目：1.1，3.13，5.4，9.13。

A.14 路程，时间，速度

唯一在数学竞赛问题中频繁出现的物理题目是与路程、时间和速度的概念有关的题目，匀速运动方程将三者联系在一起。

$$v = \frac{s}{t}, \qquad s = v \cdot t, \qquad t = \frac{s}{v},$$

让我们举一个例子，在这个例子中，不容易发现这些关系的存在。在钟表上，12 点时，时针和分针是完全重叠的。它们将在什么时候再次完全重叠？

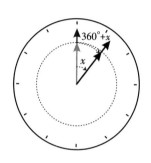

我们立即观察到，分针 vm 的速度是时针 vo 的 12 倍。时针在表盘上走过的路程可以用度数 x 表示，然后与分针重叠，分针将走过同样的路程 x 再加上一整圈（$360°$）。现在需要设定这两个指针经过的时间是一样的。对于时针，时间等于 $t = \frac{s}{v} = \frac{x}{vo}$；对于分针，等于 $t = \frac{s}{v} = \frac{360+x}{vm} = \frac{360+x}{12vo}$。这两个时间相等，由此我们得到方程 $\frac{x}{vo} = \frac{360+x}{vm} = \frac{360+x}{12vo}$，解方程得到 $x = \frac{360°}{11}$。为了确定秒数，我们写出比例 $\frac{360}{11} : x = 360° : 3600\,s$，因此 $x \approx 327\,s$，即大约 5 分 27 秒。值得注意的是，所有的量值 s、t 和 v 都是未知的，这个特点使得问题变得困难：其中一个量值显然是作为一个未知数提出的（在此种情况下是路程）；一个量值对于题目涉及的两个动作实施者必须是相等的（在这种情况下是指针的时间），因此在等式中

"消失"了；第三量值只以比值的形式表现出来（一个速度是另一个的12倍），但这就足够了，因为在后面vo会被简化掉。

♣ 本书中的题目：1.10，9.14。

A. 15　多边形的角度

多边形的内角和以及外角之和经常出现在初中课程中的题目里。所有学生都应该知道，有 n 条边的多边形的内角之和 $= (n-2) \times 180°$。

特别是对于一个三角形来说，内角和是 $180°$。不太直接的也许是记住，对于一个等边（尤其是规则的）多边形，可以通过用总数除以角的数量来获得每个内角的度量，即 $\dfrac{(n-2) \cdot 180°}{n}$。例如，在一个九边的等

角多边形中，每个内角的大小是 $\dfrac{(9-2) \times 180°}{9} = 140°$。

另一方面，凸多边形的外角之和总是 $360°$，不管边的数量是多少。让我们举一个经典的例子：图中显示了一系列互相交替的正五边形和正方形；以同样的方式继续连接，这个序列总共需要多少个图才能结束？

正方形的内角是 $90°$，而正五边形的内角是 $\dfrac{(5-2) \times 180°}{5} = 108°$。如果它们只是正方形，那么这条带子就会不断延长，永远不会关闭。有了这些五边形，这条带子"向内偏转"了 $108° - 90° = 18°$，因此完成一个 $360°$ 的完整圆，需要 $360 \div 18 = 20$ 对五边形和正方形。

♣ 本书中的问题：2.14，4.12。

A.16 面积

在竞赛中，经常出现需要计算周长和面积的问题。其中有许多问题需要用到在学校里学习的公式——关于三角形、四边形和圆周率的公式，在这里就不再给出了。

♣ 本书中的问题：1.19，2.7，2.17，3.14，4.7，4.10，4.20，5.5，5.16，6.12，6.17，7.5，7.15，8.9，8.16。

分割法

如果一个图形并非我们所熟悉的类型，一般情况下将其分割成易于计算面积的若干部分。有时，不需要知道这些面积的值，因为只需要知道一个图形的各部分面积的比值。在这两种情况下，可以通过适当分割图形来解题。

在许多情况下，给定一个图形，为了计算这个图形的面积，或是计算图形各部分面积之比，只需适当地分割一个图形。

例如，在一个问题中，给出了3个三角形，它们都是等边的，边长都是旁边三角形的一半（图1），要求计算大三角形和小三角形的面积之比。

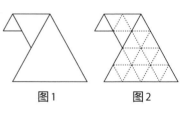

图1　　　图2

通过将整个图形分割成与小三角形相等的三角形（图2），只需计算大三角形所包含的小三角形数量就可以得到答案。

♣ 本书中的题目：2.7，5.6，6.5，7.15。

· 寻找相等的图形

如图所示，直线 LM 和 NK 是平行的。那么三角形 JKL 和三角形 JKM 的高相等，因为它们也有相同的底边，则它们有相同的面积，即它们是相等的。

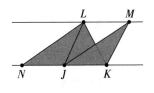

现在，如果我们知道 $NJ = JK$，那么三角形 NJL 也与其他两个三角形相等，因为它们的底边相等，高也相等。

经常出现这种情况，为了解决一个问题，我们必须认识到这种三角形：它们的底边重合或相等，并放在同一条直线上（如 NJ 和 JK），无论它们是否有共同的顶点，顶点都在一条与底边所在直线平行的直线上。

如图所示，我们看到同开始的那三个三角形一样，它们的高相等。此外，通过方格我们注意到 EF 是 FG 的两倍，则 $A_{\triangle EFD}$ 是 $A_{\triangle FGD}$ 的两倍。

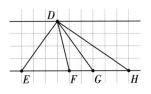

最后，我们注意到 $GH = \dfrac{3}{4} EF$ 和 $GH = \dfrac{3}{2} FG$，我们可以推导出 $A_{\triangle DGH} = A_{\triangle DEF}$ 和 $A_{\triangle DGH} = \dfrac{3}{2} A_{\triangle DFG}$。

（译者注释：在意大利使用字母 A 表示面积，在国内使用 S 表示面积。）

一般来说，如果两个三角形的底边之间有一定的比例（而且对面的顶点总是在一条与之平行的直线上），那么面积也会有相同的比例。

请思考以下例子。三角形 ABC 的面积为 18 cm²。已知 D 是 AB 的中点，E 和 F 两点将 AC 分成三等份，那么三角形 AFD 的面积是多少平方厘米？

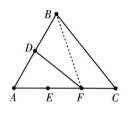

我们寻找底边在同一条直线上，且顶点相同的三角形，这样它们的高是相等的。为此，我们画出线段 BF。线段 AF 是 AC 的 $\frac{2}{3}$，所以 $A_{\triangle AFB} = \frac{2}{3} A_{\triangle ABC} = \frac{2}{3} \times 18 = 12$ cm²。现在让我们观察三角形 ADF，因为它的底边是 AD。这个底边是 AB 的一半，所以我们有 $A_{\triangle ADF} = 12 A_{\triangle AFB} = \frac{1}{2} \times 12 = 6$ cm²。

♣ 本书中的问题：8.7，9.10，9.11。

·相似图形的面积和体积

如果两个图形是相似的，并且它们的线性的长度比例为 $a:b$，那么它们面积的比例为 $a^2:b^2$，体积的比例为 $a^3:b^3$。

例如，假设有两个立方体，其中一个立方体的棱长是另一个立方体的3倍。那么第一个立方体的任意的面积（侧面面积、正面面积或是截面面积）都是第二个立方体相应面积的9倍，第一个立方体的任意体积（总体积，或是其中一部分的体积）都是第二个立方体相应体积的27倍。

举另一个例子：一个直角三角形被斜边上的高分成两个三角形，在这两个三角形中

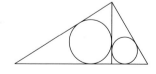

各有一个内切圆；已知三角形的两个直角边分别为 15 cm 和 20 cm，请确定这两个圆的面积之比。

毫无疑问，通过许多计算总能解题：用勾股数确定两个三角形的所有尺寸，然后确定面积和周长，通过这些尺寸确定两个半径的尺寸，最后确定两个圆的面积。而如果只计算比值，只需要观察到垂直于斜边的高度将直角三角形分成了两个相似的三角形。如果它们的斜边比例为 $15 : 20 = 3 : 4$，那么两个边心距的比例也同样如此，则两个圆的面积之比为 $(3 : 4)^2 = 9 : 16$。

♣ 本书中的问题：4.2，6.18。

A. 17   勾股定理

不管是在初中竞赛中，还是在高中竞赛中，勾股定理无疑是在解决几何问题中最常使用的工具。

♣ 本书中的题目：1.10，2.3，3.2，8.16，8.19，9.9。

在这里，我们只回顾两个特殊的案例，在这两个案例中，该定理的应用推导出了两个极其实用的结论，该结论可用于提出和解决几何问题。

在等边三角形中，如果边长为 l，利用一些相关的反函数，可以得到该三角形的高和面积分别为

$$h = l \cdot \frac{\sqrt{3}}{2}, \qquad A = \frac{l^2 \cdot \sqrt{3}}{4},$$

这些公式也可以运用于正六边形上。

已知正方形的边长为 l，则该正方形的对角线长度为 $d = l \cdot \sqrt{2}$。

♣ 本书中的题目：1.3，1.6，2.19，3.20，4.20，5.17。

对于解的数值计算特别有用和实用的是毕达哥拉斯定理的知识，即验证毕达哥拉斯定理的自然数定理。最广为人知的素数勾股数（即由素数之间构成的）有以下几组：

（3，4，5）（5，12，13）（8，15，17）（7，24，25）。

回顾一下，任何一个勾股数组内的三个数同时乘以一个正整数，得到的新数组仍然是勾股数。并且，如果两个三角形的边长都衍生于同一组勾股数，那么这两个三角形相似。

♣ 本书中的问题：2.3，9.9。

A.18　概率

在需要计算概率的问题中，我们很少越过三个基本原则。

1. 事件的概率等于事件的有利情况数除以可能情况数，只要这些情况的可能性都是一样的。

2. 如果两个（或更多）事件是互不相容的（即它们不能同时发生），

那么两个事件发生的概率等于单个概率之和。（反之，如果它们是相容的，只需从这个总和中减去二者同时出现的概率。）

3. 如果两个（或多个）事件是独立事件（即一个事件的概率不取决于另一个事件的发生），那么两个事件发生的概率等于每个事件的概率的乘积。

实际上，在大多数情况下，主要困难在于正确计算有利和可能的情况。对此，A. 11节中讨论的内容是有用的。

♣ 本书中的题目：7. 11，7. 20，9. 18。

A. 19　真与假

一道经典的逻辑题，其中包含了不同人物说出的若干句子，已知他们是在说谎或者在说真话。按照传统惯例①，我们将说真话的人物称为"骑士"，将说谎的人称为"恶棍"。

一般处理这类问题的基本策略，是假设第一个人物说的是真话（或假话），并推断其结果。通常情况下，只有一个选择不会导致矛盾，则此为正确答案。

让我们看一个例子②：在一个住着骑士和恶棍的小岛上，有100个人，他们从1到100编号，他们都宣布："所有编号大于我的人，他们都是恶棍。"请问有多少个骑士？

---

① 这些名字来源于雷蒙德·M. 斯穆里安的那本有趣的书《这本书叫什么?》。
② 2011年国际夏季数学中心。

你可以先假设1号是个骑士。所以2到100号都是真正的恶棍。但这样一来，2号就会说实话，因为所有编号为3至99的人都是恶棍，这是不可能的，因为他自己就是撒谎的恶棍。所以1号是个无赖，既然他说谎，接下来至少有一个人是骑士。这个推理也可以重复用于2号和3号等，由于必须有一个骑士，所以只能是100号。

♣本书中的题目：1.15，3.17，5.11，5.20。